YOUQI SHENGCHAN XINXIHUA
JISHU YU SHIJIAN

油气生产信息化
技术与实践

鲁玉庆 编著

中国石化出版社

内 容 提 要

　　本书着重介绍了油气生产信息化在油田的发展历程以及油气生产信息化如何对油田改革发展所起的支撑作用,围绕油气田生产企业全面提升信息化水平,构建新型油藏经营管理模式,在提升科学化、精细化管理水平,提高效益,提升质量,推动油田企业打造一流、创新发展上总结的相关经验。

　　本书可以为油气开采企业的信息化建设提供经验和参考,也可为油气田改革重构生产方式、重新定义生产关系与劳动组织形式提供参考。

图书在版编目(CIP)数据

油气生产信息化技术与实践／鲁玉庆著.—北京:
中国石化出版社,2021.3
ISBN 978-7-5114-6214-5

Ⅰ.①油… Ⅱ.①鲁… Ⅲ.①信息技术-应用-油气
开采-研究 Ⅳ.①TE3-39

中国版本图书馆 CIP 数据核字(2021)第 053062 号

中国石化出版社出版发行

地址:北京市东城区安定门外大街 58 号
邮编:100011 电话:(010)57512500
发行部电话:(010)57512575
http://www.sinopec-press.com
E-mail:press@sinopec.com
北京富泰印刷有限责任公司印刷
全国各地新华书店经销

＊

787×1092 毫米 16 开本 10.25 印张 159 千字
2021 年 3 月第 1 版　2021 年 3 月第 1 次印刷
定价:45.00 元

前　言 | INTRODUCTION

近年来，全球工业经济形势发生深刻变化，工业竞争格局深度调整，石油行业同时面临着外部环境变化和传统管理模式难以为继的压力，转型发展迫在眉睫。以人工智能、物联网、云计算等新一代信息技术与工业融合为主的第四次工业革命悄然来袭，石油石化产业变革接踵而至、发展加速演进，万物互联时代引发了产业链、供应链、服务链和价值链的重塑，深刻改变现行的生产和经营方式。生产信息化在油田近年来的发展速度越来越快，油田企业中智能化的普及和应用程度越来越广，生产企业对于油田自动化数据采集、物联网等信息化技术的关注程度越来越高。生产信息化所带来的大数据分析技术在油田生产中的应用发挥着重要作用，通过数据分析进一步提升油田生产中需要的各项数据利用率，实现油田生产智能化、自动化的发展趋势，以满足油田企业降本增效的发展需求。

油气开采作为石油企业的核心业务，是成本消耗和利润产生的关键环节，在全面综合分析现状的基础上，油田企业充分认识到要实现新时期的新发展，必须充分利用信息化、自动化手段，配套开展现代化管理模式的探索，大力开展油气开采的生产信息化建设。胜利油田开发建设50多年来，在自然环境极其恶劣、生产生活极其艰苦的条件下，实现了老油田的持续高产稳产。随着油田发展，开采难度加大，开采成本上升，迫切需要依靠信息化技术和手段，实现老油田的转型升级和提质增效。

根据我国石油企业目前的生产经营形势，在以效益为中心的理念背景下，如何通过优化提高劳动生产效率是一个备受关注的重要课题。本书着重介绍了油气生产信息化在油田的发展历程以及油气生产信息化如何对油田改革发展所起的支撑作用，围绕油气田生产企业全面提升信息化水平，构建新型油藏经营管理模式，实现优化投入，提高劳动生产率等方面，在提升科学化、精细化管理水平，提高效益，提升质量，推动油田企业打造一流、创新发展上总结了相关经验。

新的产业技术不断投入使用，新的发展理念不断应用创效。受编者阅历、精力所限，本书在编写过程中或有不妥之处，敬请广大读者批评指正。

目　录 | CONTENTS

第一章 油气生产信息化建设

第一节
油气生产信息化发展历程

从国外到国内，石油企业的管理模式都不是固定不变的，管理模式没有统一、万能的模式，而需要根据企业的内外环境和生产管理实际进行不断地完善和调整。中国石油化工股份有限公司借鉴国际油公司管理模式，以提高油田发展质量和效益为中心，以业务为指导，革新组织结构，理顺管理流程、明晰各级职责、突出核心业务、优化资源配置，配套管理机制，建立与国际一流油公司接轨的管理模式。走信息化发展之路，是油田企业转型发展的必然选择。胜利油田作为一个勘探开发50多年的老油田，作为一个传统老国有企业，要走信息化之路，必须打破固有观念束缚、变革传统发展模式，深化新型管理区体制机制建设。2012年以来，以"七化"模式为顶层设计，以"四化"建设为实施路径，以新一代信息技术为驱动，自动化、信息与通信技术与现代企业管理体制机制深度融合，制定并完善油公司体制机制改革方案，改进劳动组织形式，压扁管理层级，提高劳动生产率，推动体制机制创新。

胜利油田按照总部生产信息化建设统一部署，围绕"老区可视化、新区自动化、海上智能化"建设思路，开展油气生产信息化现场建设，先后经历了示范区建设、老区扩大改造和全面推广应用三个阶段，目前正依托工业控制系统（OICS）和油气生产指挥系统（PCS）进入到深化应用阶段。

一、 建立标准化的建设体系， 保障油气生产信息化建设

标准化的建设体系是油气生产信息化的基础。在对标准化建设现状摸底调研的基础上，深入了解现场建设、软件开发存在的不足，建立现场配套标准和软件建设标准体系，规范油气生产信息化建设。

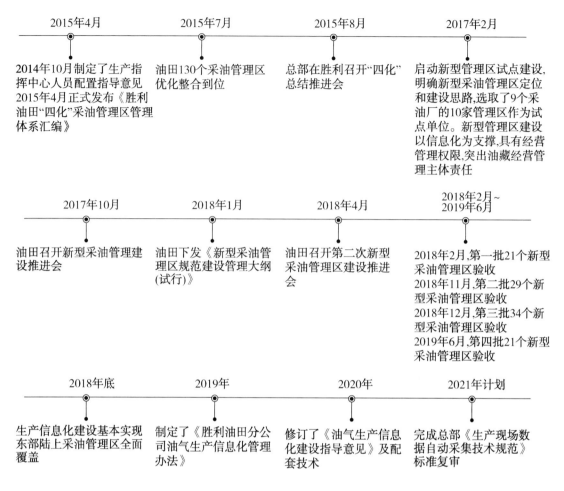

图 1-1 胜利油田油气生产信息化发展历程

1 建立现场配套标准，规范现场建设

从设计、产品和施工3个方面入手，构建现场配套标准体系。

（1）设计方案标准化，创新采用"系统节点管理法"，形成了涵盖所有油藏类型和开发方式的标准化设计体系。

（2）技术产品标准化，实现原理、结构、材料、指标、规格、质保、价格、接口、图纸、外观标识的"十统一"。

（3）建设施工标准化，将标准化的单体设备、构件和元器件进行模块化集成，形成了标准化的施工模块和施工模式。

2　建立软件开发标准，统一功能开发

遵循系统开发"六统一"的建设原则，按照"一切系统皆上云、一切开发上平台"的工作要求，开展顶层设计，建立框架标准、代码标准、UI 标准、接口标准、数据标准等 7 项开发标准，建成生产监控、报警预警、生产动态、调度运行、生产管理、应急处置 6 大功能模块，实现总部、分公司、采油厂、管理区四级联动、功能上下贯通、层层穿透。

二、　建立规范化的应用体系，　充分发挥平台支撑作用

规范化的应用体系是油气生产信息化的关键。通过优化组织架构、细化岗位职责、再造业务流程，为数字化条件下运行模式的实践提供规范指导。

1　规范顶层设计，发挥示范引领作用

基于生产信息化平台、规范管理顶层设计，围绕"价值引领、效益导向，责权统一、分级负责，专业化管理、市场化运作，创新驱动、两化融合，规范有序、标准统一，党建保障、优势转化"6 项基本原则，编制《新型采油管理区规范建设管理大纲》，规范管理区组织机构、岗位配置，落实新型管理区"五项机制"和"七项权利"。依托深化应用创新创效活动，建立油气生产信息化创新创效工作室，形成《年度管理及应用成果汇编》，搭建交流平台，形成"信息搭台、专业唱戏"的良好氛围，激发员工创新创效活力，充分发挥示范引领作用，促进成果转化和落地实施，有效支撑油公司改革，压扁管理层级，提高管理效率。

2　规范制度建设，促进信息与业务深度融合

基于生产信息化平台，将数字化、信息化修订融入到采油管理区《基层单位管理手册》《班组管理手册》和《岗位操作手册》中，重新梳理流程，将系统功能细化到岗位职责，建立了信息化条件下的运行体系，提高管理水平。融入新理念新标准新要求，引领推动基层管理变革，按照"突出观念转变、突出党建引领、突出核

心业务、突出责任落实，突出实用管用"等要求，聚焦价值创造，从整体、系统的角度对基层管理体系重新顶层设计。

3 规范运行模式，提高过程管控能力

基于生产信息平台，构建"人、机、网"联动的实时管控模式，依托油气生产信息化建设成果，充分利用"采、控、研、管"等系统功能，构建了数据查询、异常预报警、处置过程管控、处置效果跟踪的全流程的异常管控模式，形成以生产指挥中心为核心，多业务协同联动的"中心值守+应急处置"的管理模式，通过实践进一步深化信息与业务的融合，支撑各业务间的协同，提高过程管控能力。

三、 建立完善的考核体系， 保障系统稳定高效运行

完善的考核体系是油气生产信息化的保障。按照"考核促管理，管理促应用，运维强基础"的工作思路，建立了涵盖系统应用、运维管理、建设管理等方面指标的油气生产信息化综合评价体系，保障系统稳定高效运行。

1 建立系统运行指标，强化系统应用

基于生产指挥系统实时数据，以提升技术指标为目的，制定涵盖系统阈值设置、动态巡检、报警处置等方面的 8 项评价指标，指标数据层层穿透，责任落实到岗位，考核管理到个人，充分调动人员工作积极性，强化系统运行管理，有效提升了系统应用水平和基础管理水平。

2 增加运维考核指标，强化基础保障

在系统运行指标基础上增加采集数据质量、运维管理方面 8 项评价指标，强化数据质量管理，确保数据可采可用，督促各单位切实抓好设备设施管理和现场运维质量提升，强化基础保障。

截至 2017 年底，已累计完成 87 个管理区的"四化"建设，覆盖规模达到 75%，其中孤岛、现河、桩西 3 个采油厂已完成全覆盖。东部 10 家老厂已有 59 个管理区

完成了建设并投产，单井用人由 1.05 人下降到 0.85，劳动生产率由 554t/(人·年)提升到 696t/(人·年)，月度操作成本由 121201 万元降低到 118749 万元，自然递减率由 19.96% 降低到 12.57%，油井时率由 93.3% 提高到 94.29%，躺井率由 2.75% 降低到 2.08%，各项经济指标和技术指标持续向好。

2018 年，胜利油田某采油管理区在优化用工、经营管理方面充分利用"四化"建设成果，取得了以下突出成绩。优化用工方面，一是促进信息化进程与生产经营相融合，实现并凸显了管理区"三室一中心"的枢纽地位，完成专业化整合，剥离维修业务，所属 14 个专业站压减至 10 个。二是利用信息化实现了用工优化。今年管理区生产指挥中心监控指令到位率连续数月达到 95% 以上，5 个专业站的 12 名夜巡人员得以优化调整到白班；3 座注水泵站由 24 小时驻岗值守改为夜间无固定人员值守。三是盘活人力资源，外闯市场创效增效。管理区的改革使员工思想观念发生了根本转变，带动了人力资源优化改革的步伐，做到了技术优势走出去，劳务输出走出去，降低用工总数，提升管理区劳动生产率。经营管理方面，一是技术人员充分挖掘大数据潜力，从地面、井筒、地层多维度立体感知生产过程细微变化，精准管控、精细调整、自然递减有效控制，开发效果持续向好。二是充分利用"四化"大数据，实现开发经济效益的实时监控和分析，每日监控单井所处的效益区间，每周分析效益变化趋势，每月对低效井进行分析评价，科学制定措施和配产方案，确保效益最优化。三是管理区挖掘信息化大数据潜力，构建了生产信息化运行新模式，逐步完成工况预警、管网预警，基础管理预警三大类模型的建立与应用，管理更加精细。

直至 2021 年，油田生产指挥系统总体运行稳定，数据采集齐全率 98.2%、阈值设置合格率 99.4%、数据修正率 0.7%、报警处置三率(及时率、符合率、合格率)99.5% 以上，在总部 PCS 系统指标排名中保持第一。

第二节
油气生产信息化建设标准指导意见

2012 年开始，中国石化油气田企业开展了以"标准化设计、标准化采购、模块化建设"为指导的生产信息化建设。经过 8 年的建设，中国石化上游企业基本建成了数字化油田，实现生产数据按需采集，视频监控全覆盖，油气生产自动化水平大幅提升，井、站实现了无人或少人值守，推动生产经营方式变革，劳动生产率大幅提高。

为了响应国家"十四五"战略规划，推动互联网、大数据、人工智能同能源行业深度融合，推动油田企业数字化转型，促进油气生产信息化建设、应用水平的持续提升，对《油气生产信息化建设标准指导意见》及附件开展修订完善工作。

一、 总体要求

1 基本思路

坚持"以信息化带动工业化，两化深度融合"的信息化发展战略，通过对油气生产管理分类实施自动控制升级、智能油气田建设，实现生产管理的全面感知、集成协同、预警预测、分析优化，为效率效益提升、业务创新提供支撑，助力企业高质量发展。

2 基本原则

（1）"六统一"原则。生产信息化建设应符合中国石化信息化工作"统一规划、统一标准、统一设计、统一投资、统一建设、统一管理"的要求。

（2）效率、效益原则。以提高效益为中心，以提高生产和组织效率为出发点，通过信息化技术不断提升生产管理效率油气水井、管道管护工作推行数字可视化，中、小型站场实现无固定人员值守，大型站库实现集中少人值守，海上油气田、高含硫气田推进智能化。

（3）实用、简便、低成本原则。充分兼容各专业生产信息化设施，按照实用、简便原则开展油气生产信息化建设，项目方案要将建设与应用统筹论证，没有价值的数据不采，没有效益的功能不设。遵循低成本原则，陆上油气田信息化配套以国产技术设备为主，海上油气田、高含硫气田或其他特殊生产工艺领域要提高国产技术、设备的覆盖率。

（4）安全、可靠原则。从制度配套、标准建设、技术应用、设备投入四个方面开展安全防护建设工作，确保油气生产信息系统的安全运行。

（5）完整性原则。已建内容要运用好综合评价指标，保持系统完整、运行稳定、应用到位；以项目源头标准化设计、设立项目生产信息化独立标段、实施项目生产信息化专项验收等措施，保障新建内容完整、功能齐全。

（6）拓展性原则。生产信息化建设要从传统注采输领域向电力、作业、新能源等专业拓展；数据采集要从工艺流程向设备设施，从地面向地下拓展；控制功能要从单点控制、联锁联调向区域群控、智能调节拓展。

（7）整体规划、需求导向、滚动提升。各企业要按照股份公司的统一要求，对油气生产信息化建设工作进行整体规划，以油田生产和经营管理实际需求为导向，有计划、有步骤地开展信息化建设及后续滚动提升。方案不落实、效益不明确的区块暂不实施，处于亏损状态的油气区块暂不实施，已建内容运维不善、应用无序的单位上报的项目不予实施。

（8）总结归纳、"五化"引领、开拓创新。要充分总结前一阶段油气生产信息化建设成果，提高标准化设计、工厂化预制、模块化施工、机械化作业覆盖率，运用信息化手段加强项目从建设到运营的全生命周期管理，保障生产信息化建设效益、效能完全释放。

3 总体目标

持续高效推进信息化与油气生产工业化"两化融合"。"十四五"建设期间，实现生产信息化建设从单点向系统的延伸，从局部向全局的转变，支撑能流可视，全面建成油气田工业控制系统。到"十四五"末实现生产动态实时感知、生产环境监测、生产流程实时监控和生产指挥精准高效，实现人员最优、效率最高、效益最好、安全可控、绿色生产的目标。

二、 组织与管理

（1）集团公司成立油气生产信息化建设协调小组，油气勘探开发公司成立项目实施工作组。

① 油气生产信息化建设协调小组由主管上游工作的集团公司领导担任组长，信息化管理部、油田勘探开发事业部领导担任副组长。

领导小组的职责是：确定油气生产信息化建设的思路、原则和目标，统筹组织油气生产信息化建设工作，协调决策项目建设过程中的重大事项；组织审查各分公司生产信息化实施计划；组织实施过程检查、项目评估和验收；指导人才培训和宣传工作。

② 油气生产信息化建设项目实施工作组由油田勘探开发事业部分管领导任组长，成员由熟悉油气生产信息化建设的专家组成，作为一个临时机构在生产信息化建设阶段集中办公。主要负责项目建设过程中的标准制订、设备选型、实施过程指导；参与技术方案审查。

（2）各分公司要成立以主要领导任组长、分管领导为副组长的油气生产信息化建设领导小组，协调推进油气生产信息化建设。

各分公司信息化管理中心负责统筹生产信息化项目管理，负责组织相关专业系统的集成、应用需求管理、信息设备管理和信息系统运维管理。

（3）生产信息化建设项目按照油气勘探开发公司投资管理流程和项目决策程序管理。

（4）油气勘探开发公司制定统一的软硬件技术参数、通讯规约等技术要求；各分公司严格按照中国石化物资采购的有关规定对供应商进行筛选，产品纳入 ERP 系统；各分公司要建立供应商考核评价机制，对其准入资格实施动态管理。

（5）各分公司要建立健全运维管理制度，组织好对集成商和运维服务商的管理；集成商承担产品监理责任，原则上由集成商负责运行维护服务；运行维护资金纳入企业年度预算。

（6）以经济效益评价为依据确定建设项目。油气生产信息化建设项目经批准立项后，以批准的可研报告中的经济评价结果为依据，纳入各分公司的年度预算目标和企业年度考核。

三、 建设内容

生产信息化建设应覆盖油气田井场、各类站场、油气管网及各类生产辅助系统。建设内容包含网络建设、视频监控、采集与控制、PCS 系统等方面。新油气田生产信息化建设应与产能项目结合并同步实施。老油气田结合地面工程改扩建，在工艺优化简化的基础上，进行生产信息化配套。

1 网络

网络传输突出安全、快速、稳定，要充分利用已建成的光纤主干网络，建设环网，提升冗余；采用有线、无线混合组网技术完善通讯链路。

（1）主干网要满足工控网、视频网、办公网三网分离的信息安全传输需要。三网间要有明确的网络边界，不能直接互联。采取可靠的技术隔离措施，实现安全隔离，并将其作为数据交换的唯一通道。利用公网（专网）接入的设备，要在公网（专网）与企业网之间做好网络安全防护，宜通过 DMZ 区实现数据安全交互。

（2）有线网络未覆盖的区域，宜使用无线通信技术建立区域性通信链路。无线网络可根据现场实际自建或选择使用运营商提供的公网链路，在保障信息安全的基础上，接入主干网络。

（3）油、水、气井站场仪表宜采用无线组网（Zigbee、WIA-PA 等）技术；电力网未覆盖的井站场仪表宜选用低功耗仪表（NB-IoT、LoRa 等）采集、传输数据；站场内信息传输优先选用有线方式。

（4）无人值守站场的工控网络应具备环网冗余或主用/备用传输通道。

2 视频监控

（1）视频监控全面覆盖井、站库、管线重要节点等油气生产设施。

（2）对油区安保范围内的重要出入路口、安防重要节点实施卡口视频监控。

（3）视频监控一般采用单点监控方式，监控点密集分布区域可采用区域监控。

（4）视频监控系统应具备一定的智能分析、闯入报警等功能。

3 数据采集与控制

（1）油井

油井依据采油方式采集油压、套压、温度、电参、载荷、位移、转速、视频图像等数据；油井液量、动液面等实现自动采集、计算。抽油机井实现远程启停、远程调参(配置变频器)等功能；视频实现智能识别，闯入报警等功能。

长停井、报废井采集井口压力。

（2）气井

天然气井井口采集压力、温度等数据；配置紧急切断阀，实现井口紧急关断；依据天然气组分配置可燃、有毒气体浓度监测装置。

煤层气井井口采集温度、压力、流量、电参、产水量、冲次、液面、视频图像等数据；抽油机实现远程启停、远程调参等功能；视频实现智能识别，闯入报警等功能。

（3）海上油井

海上油井实现自动采集温度、压力、流压、流量、电参、视频图像等数据。实现远程启停、远程调参、智能关断等功能；视频实现智能识别，闯入报警等功能。

（4）注入井

注入井(注水井、注天然气井、注蒸汽井、注 CO_2 井、注聚井等)采集压力、温度、流量等相关数据；实现注入量的自动调配。

（5）特殊工况井

特殊工况井在上述常规生产数据采集的基础上，气举井增加注气压力、流量数据采集；掺稀井增加注入稀油压力、流量数据采集；稠油热采井增加蒸汽注入压力、注入量、焖井时间数据采集。

（6）小型站场(库)

小型站场(库)包括集油阀组、配水(汽)阀组、增压站、接转站、注入站、集气站、输气站等。数据采集内容包括温度、压力、流量、液位、设备运行状态、可燃气体及有毒气体浓度等数据，并根据已有条件和需要，以无人值守为目标，实现流程参数实时采集，生产过程自动控制，视频智能识别等功能。

（7）大型站库

大型站库包括原油库、联合站、海上中心平台、轻烃处理站、天然气处理站(厂)等。数据采集内容包括温度、压力、流量、液位、电参数、设备运行状态、可燃气体及有毒气体浓度、阀门状态等数据。实现生产过程数据可视、生产环境监测、生产过程监测和远程控制功能，满足以无人或少人值守管控模式的要求。

（8）油气管网

油气管道要结合周边环境、管线材质和管输介质等条件，应用管道计算监测、视频监控、无人机巡检等方式进行综合监控，实现泄漏报警与定位、紧急关断、应急响应等。输油管道首选物质平衡和负压波的复合计算监测方法；集油管网可采用分线计量及管网压力拓扑实现监控；单井管线以井口压力仪表的 SOE 报警及 PCS 系统智能预警模型进行监控。

油气管网在环境敏感、路由复杂区域实现三维可视；管网重要节点实现紧急关断，酸性天然气集输管线、海上油气集输管线实现智能关断。长输管线信息化系统按照《智能管线建设标准》进行建设。

（9）井下作业

防砂与压裂施工油压、套压、排量、砂比、砂量、液量等数据的采集；酸化施工油压、套压、排量、液量等数据的采集；含 H_2S 井作业井口 H_2S 浓度采集；

异常高压井作业油压、套压、灌液密度、灌注液量的自动采集；注 CO_2 井作业井口 CO_2 浓度采集；修井大钩载荷、位移采集；侧钻大钩负荷、大钩位置、钻压、立压、入口流量、出口流量、入口密度、出口密度、入口温度、出口温度、钻井液池液面监控。

（10）电力供应

电力供应将电力调度自动化系统遥测、遥视、遥控数据接入生产信息化系统，实现油气生产能流可视化和能源综合管控。

（11）新能源工程

采出水余热站、热源热泵站、光伏电站、风力发电站等实现设备设施运行参数、能源数据采集，实现设备设施远程监测、调控，管理系统融入生产指挥系统平台。

4　油气生产运行指挥平台

（1）油气生产运行指挥系统分为 PCS（油气生产指挥系统）和 SCADA（数据采集监视与控制系统）两部分内容。

（2）PCS 满足管理区、采油（气）厂、分公司和总部的管控需求，由油田事业部统一定制、推广，并不断扩展应用功能。

（3）SCADA 负责辖域内部井、站等生产单元数据的集中采集、展示、远程操控和转储。区域级管控中心（管理区级）实时数据转储传输 PCS 系统时，应符合 PCS 系统接入要求。可在 PCS 系统与 SCADA 系统间部署数据中台。

（4）生产指挥中心硬件环境本着"管用、够用、节约、经济"的原则，根据管理区规模合理配置建设。

5　进度安排

2020 年底上游公司基本完成油田生产信息化建设全覆盖，完成管理指标数据上传总部。

2021 年完成集团公司、分公司、采油厂、管理区生产指挥系统四级功能贯通，实现生产现场数据、视频图像共享。

2023 年完成气田生产信息化全覆盖，实现气井井场数据自动采集，站场自动控制，生产过程安全可控。

四、 保障措施

1　提高认识，加强组织领导

油气生产信息化是支撑油公司机制运行、保障企业可持续发展的重要技术手段，各分公司要提高认识、加强组织领导，保证油气生产信息化建设工作顺利推进。

2　持续引入新兴技术，创新发展物联智联应用

围绕人工智能、5G、大数据、物联网等技术融入生产信息化应用领域热点问题，通过实时感知、可靠传输等手段，将工业控制系统中设备设施信息进行采集，深入推广与实践物联设备识别技术、低功耗的物联网通讯技术、物联设备自组网技术和 PCS 运维设备物联技术，完成由物联向智联、智能向智慧的跨越。

3　构建工控安全新防线

从管理制度、流程、技术手段多层次开展工控安全工作，做到工控网与其他网络的安全隔离，加强主机安全防护和运维安全审计，规范运维操作，落实工控安全监督考核职责，确保油气生产信息化的安全防护目标实现。

4　强化数据资产管理，挖掘数据价值

加强对数据资产重要性的认识，规范数据资产的管理，落实数据备份容灾机制，保障数据资产安全。不断拓展数据应用、挖掘数据价值。

5 重视信息化条件下员工操作技能培训

各分公司要加强员工在信息化条件下的操作技术培训工作，建立生产信息化专业人才梯队，打通专业人才成长通道，不断提升一线员工在信息化条件下的工作技能；要在油气生产信息化项目建设过程中培养出一批管理能力强、业务技术水平高的复合型信息化建设和管理的人才队伍。

第三节

油气生产信息化在国家全面深化改革的新形势及推进油公司建设中发挥重要作用

一、 适应国家全面深发展的新形式

习近平在中央全面深化改革委员会上，强调推进供给侧结构性改革、完善优胜劣汰的市场机制、激发市场主体竞争活力、推动经济高质量发展。着眼党和国家事业发展全局的重大改革部署，对党和国家机构全面深化改革，改革机构设置，优化职能配置，深化转职能、转方式、转作风，体制机制纵深推进，提高效率效能，积极构建系统完备、科学规范、运行高效的党和国家机构职能体系。

油气资源是国家战略资源，中国石油天然气股份有限公司、中国石油化工集团有限公司、中国海洋石油集团有限公司三大石油公司的油田板块的油公司建设已经历三大阶段。现阶段中国石化油公司探索必然由外而内、由易到难、从局部到整体，组织体制建设基本完成，但是在分公司内部未能规范化、标准化、统一化。尚需加快建立高效的运行机制，并通过一体化管理来平衡与弥补专业分置带来的一系列问题，促进油田板块全面可持续高质量发展。

二、 适应加快推进油公司建设的新要求

中国石化有序推进油公司体制机制建设，编制油公司体制机制建设方案，指导各单位有序开展油公司建设。在油公司建设中，需要注重质量和效益、持续有效发展，以油气田勘探、开发、生产和经营管理业务为主导，突出经营决策、技

术研发和管理监督等油公司行为职能，明确与利润目标密切相关的责任主体；注重职能优化，压扁管理层级，明确各级定位与职责，理清管理界面，优化管理流程，建设精干高效队伍；以核心业务为主线，对生产辅助业务实行专业化管理、市场化运行、区别化发展，充分发挥市场在资源配置中的作用；生产领域分类分批推行信息可视化、自动化、智能化，依托信息化提升，促进生产管理方式转变，提高生产效率。建立以"扁平化架构、科学化决策、市场化运营、专业化管理、社会化服务、效益化考核、信息化提升"为核心内涵，与世界一流油公司接轨的管理模式。各油气田分公司结合企业实际，因企制宜、整体部署、分步实施、分类操作、稳步推进油公司建设。

三、 适应油公司体制机制建设的新需要

胜利油田已处于老油田开发后期，面临着资源接替不足、开发生产成本上升、经营管理难度加大等诸多严峻挑战，传统生产运行管理模式已经成为油田开发生产提质增效的发展瓶颈，借力信息化技术、智能化技术，规范运行管理模式，成为胜利油田的必然选择。因此，结合自身特点，以"四化"建设为实施路径，以油田传统生产技术与自动化、信息化深度融合支撑油公司体制机制改革创新的发展战略，充分考虑油藏类型的多样化和开发方式的差异化、生产规模和地域跨度大等实际情况，对生产全过程进行标准化建设，为打造信息化生产新能力提供支撑，以此推动传统管理模式变革，转变劳动组织形式，提高劳动生产率，实现油田改革转型发展。

自 2014 年起，胜利油田组织开展"四化"建设配套管理体系研究，相继发布了《生产指挥中心人员配置指导意见》《"四化"采油管理区配套管理体系汇编》，2017 年开始新型管理区试点建设，2018 年 1 月印发《胜利油田分公司新型管理区规范建设管理大纲》，完成了 84 个新型管理区建设，并分三批组织进行了油田层面的阶段验收。目前，在新型管理区建设实践的基础上，逐步规范形成了标准化的组织架构、运行流程、岗位设置和界面职责，理清各岗位主体责任，构建以技术分析决策、经营决策优化、生产运行和综合管控、党建思想文化保障、激励约束为主要内容的五项管理机制，推动了油公司体制机制改革创新，为促进油

田开发生产经营提质增效发挥了重要作用，对于国内同行业企业推动老油田转型发展，走现代化油公司之路具有典型示范作用。

2019 年制定了《胜利油田分公司油气生产信息化管理办法》，为油气生产采集、传输、控制相关设备设施及信息系统"建、管、用、维"工作提供了管理依据和制度保障。2020 年结合地面工程"五化"建设要求，牵头组织 10 家油气田企业 60 余名业务专家，修订了《油气生产信息化建设指导意见》及配套技术，根据"五化"集输系统地面优化、简化工作要求，编制了集输系统生产信息化建设和应用指导方案。按照总部 PCS 功能四级贯通建设要求，编制了《PCS 总部应用建设标准》，规范定义了系统架构、数据采集、技术指标、考核指标和硬件配套等方面内容。完成了集团公司《生产现场数据自动采集技术规范》标准复审，编制形成了复审报告并通过审核，计划 2021 年修订相关标准内容。

第二章 数字油田的"两化融合"

第一节
两 化 融 合

一、 企业推进两化深度融合的需求分析

1　推进世界一流企业建设的必然选择

近年来，伴随着经济社会快速发展、深度调整，工业竞争格局深度调整，以人工智能、物联网、云计算等新一代信息技术与工业融合为主的第四次工业革命已然到来，深刻改变现行的生产和经营方式，石油行业面临着外部环境变化和传统管理模式难以为继的压力，如何更好应对能源变革大势，持续推进两化融合建设将成为实现企业全面可持续高质量发展的战略举措。

2　解决油田开发技术难题的重要手段

现阶段，企业油藏类型众多，开发方式多样，涵盖世界 80% 的油藏类型，被称为"石油地质大观园"，因油区地理环境复杂、地面井站分散、工艺流程复杂等情况，导致生产管理难度大，开发技术多元化。目前，油田整体处于高含水、高采出程度、高采油速度的"三高"开发阶段，开采难度逐年增大，迫切需要依靠信息化技术和手段，实现老油田的转型升级和提质增效。

3　高油田开发管理水平的有效途径

企业开发建设在自然环境极其恶劣、生产生活极其艰苦的条件下，经历了快速增储建产、高速高产稳产等阶段，目前已进入老油田的持续稳产阶段，由于

老油田资源逐年减少、开采难度增大、生产规模不断扩大，导致人工成本和生产维护性费用等不断增加，企业需要持续深入推进两化融合进程，节约劳动用工，提高劳动生产率，降低人工成本和维护性投入，实现油田开采管理低成本、高效益运行。

二、 企业新型能力识别和打造的方法和路径

1 新型能力识别的方法和路径

在企业发展战略的指引下，采取了从"业务目标—业务能力（企业获取竞争优势所需的能力）—信息化条件下的新型能力—新型能力要素分解"的方式进行分析，参考《信息化和工业化融合管理体系要求》（GB/T 23001—2017）、《工业企业两化融合评估规范》（GB/T 23020—2013）等要求，基于企业信息化建设现状和发展需求，确立了打造"油田智能开采能力"的目标要求，以解决油田开采过程面临的技术和管理难题为突破口，以提升质量和效益为目标，以数字化、可视化生产现场建设为基础，将传统石油工程工艺技术与信息化技术深度融合，打造高效运行、资源共享的生产信息融合应用体系，着力提升企业各层级、各专业用户新型能力配套信息系统应用水平，促进油气生产管理能力的提升，增强了企业活力、市场竞争力和发展引领力，为企业"扁平化架构、科学化决策、市场化运行、专业化管理、社会化服务、效益化考核、信息化提升"新型企业管理模式创造了条件，有力支撑了油公司体制机制建设。

2 新型能力打造过程的方法和路径

2017~2020 年，基于老油田业务模式重构、工作流程重组、组织架构重建、经营方式重塑的迫切需求，企业将信息技术与生产技术、设备设施进行有机融合，着力打造了"油田智能开采能力"并持续提升完善，通过实施油气生产现场数字化提升改造，开发部署油气生产管理信息系统，配套开展企业管理体制机制改革，

构建了高效运行、超前运行、优化运行、精准运行、精细运行、效益运行和安全运行的新型生产运行管理体系。

3 两化融合实施方案的策划

企业为有效推进油田智能开采能力的打造与实施，建立了科学合理、保障有力的组织领导体系，成立专项工作运行组，负责制定新型能力打造具体方案和推广应用发展规划，强化工作解读和宣传引导，并从组织架构、业务流程、项目建设、系统应用、数据开发、运行维护等方面进一步细化工作任务，明确责任部门和管理要求，围绕油气开采、系统运行、劳动组织等提升要求，制定了生产信息化覆盖率、劳动生产率等能力打造指标标准，同步组织做好人才队伍、专项资金、设备物资、配套制度、技术支撑等基础保障工作，切实保障各项工作按照既定目标和时间节点高标准、高质量、高效率顺利实施。

4 两化融合实施与运行过程

（1）业务流程与组织结构优化

通过在企业生产领域分类分批推进信息可视化、自动化、智能化建设，在实现生产设备设施广泛在互联和工业生产数据实时采集的基础上，将油田智能开采能力与先进管理理念相结合，对传统生产方式、管理模式和经营体系进行解构与重构，重新定义工业生产关系与劳动组织形式，构建以利润为核心的经营管理体系，持续提升信息化应用水平，建立"管理现代化、决策自主化、考核价值化、保障完善化"的新型企业两化融合工业生态。两化融合生产管理架构图见图 2-1。

充分运用信息系统功能和生产实时数据，重新梳理业务流程，合理调整岗位职责，完善制订操作标准，优化再造信息化条件下的基层生产运行工作模式，精简规范传统业务流程和操作规程，构建与信息化条件相匹配的多岗位、多专业一体化综合管控新型机制，生产现场信息通过系统实时推送至不同管理层级桌面，生产指令直达前端，改变了现场问题逐级上报，决策指令逐级下达的传统运行模式，实现生产状况的精准分析、高效决策、快速处置，有效提高生产运行与综合管控水平。业务流程优化改造示意图见图 2-2。

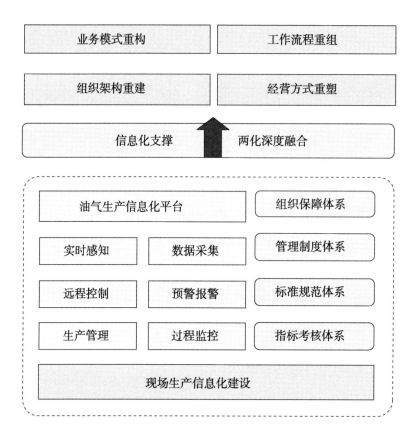

图 2-1　两化融合生产管理架构图

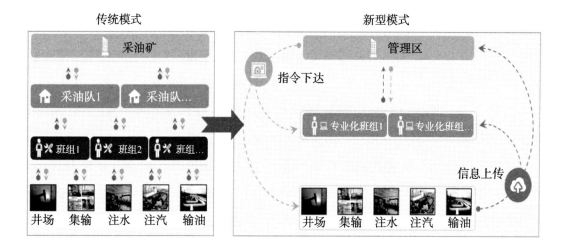

图 2-2　业务流程优化改造示意图

（2）技术实现

① 生产现场建设方面。按照企业油气生产信息化的设计标准、建设标准、技

术标准和产品标准，在生产前端的井场、站库、管线配套安装数据采集仪器仪表、电气自动化设备、工艺自动控制装置、视频监控设备，实现对生产现场的信息化提升改造。生产现场信息化建设示意图见图2-3。

 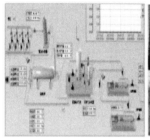 

信息化井场

实现温度、压力、工况、电参等生产实时数据的全面监控和自动采集

信息化接转站

实现管线压力、温度、流量等参数自动采集，做到了无人/少人值守

 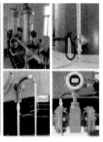  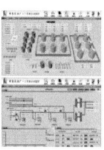

信息化注水站

实现压力、流量等参数自动采集，稳流配水、恒压注水，少人值守

信息化联合站

实现过程控制参数的测量、采集、压力、温度系统的平衡调节

图2-3　生产现场信息化建设示意图

② 过程控制建设方面。通过部署 RTU、PLC 等远程终端单元控制设备，上联过程控制层 SCADA 系统，下接现场采集层仪器仪表，承担现场信号的汇聚、控制和通信任务。企业通过组织专业技术力量，自主开展了 RTU（微处理器、信息输入/输出模块）关键芯片技术研究工作，建立了专有 RTU 智能仪表器件标准，研究制定了《IEC104 通讯机制》等35项企业专有通信协议，实现企业专有协议与国内自动化行业、其他企业专有协议之间的映射与互通。过程控制系统架构示意图见图 2-4。

③ 信息系统建设方面。为配套前端信息化集成应用管理，企业自主研发了油气生产指挥系统信息管理平台（图2-5），包括生产监控、报警预警等6大功能模

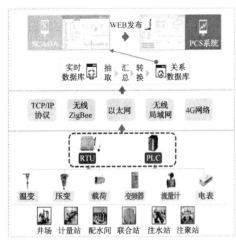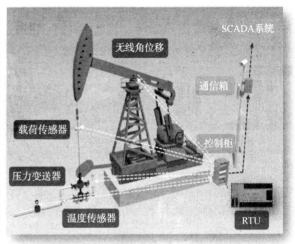

图 2-4　过程控制系统架构示意图

块，36 个子模块，188 项业务功能，基本覆盖基层单位生产管理业务，实现了对生产前端全过程的数字化、可视化、远程化管控。

图 2-5　油气生产指挥系统平台

④ 系统架构部署方面。按照"一切系统皆上云，一切开发上平台"的总体要求，企业开展了信息管理系统平台云化试点改造及部署工作，通过统一用户登录入口、改造系统部署架构、升级数据处理技术，实现了系统用户云端应用共享，降低了系统部署资源规模，提高了资源利用率。信息管理系统架构示意图见图2-6。

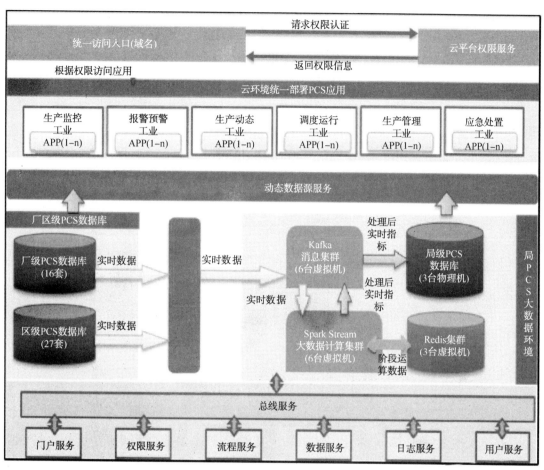

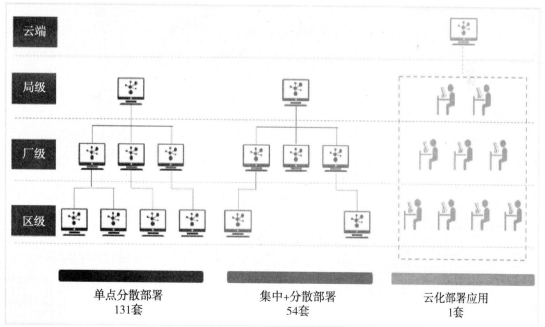

图 2-6 信息管理系统架构示意图

（3）数据开发利用

① 数据共享应用方面。通过统一生产数据编码和设备信息编码，建立一体化数据采集、传输、存储、审核、分析、应用管理流程，制定过程监控层与生产管理层等其他信息系统的标准接口，实现数据共享应用（图2-7），为勘探开发、经营管理、综合研究等专业应用和技术分析提供数据支撑。

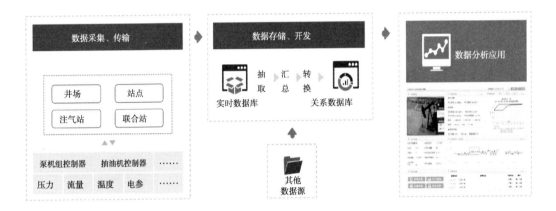

图2-7　生产数据共享应用示意图

② 数据安全存储方面。从数据存储、采集接入、过程管理、接口服务等4个方面制定了实时数据管理要求，建立系统实时数据库接口使用申请流程、备案制度，规范企业实时数据存储及应用管理工作。根据企业勘探开发、生产经营、安全环保专业需求，将生产数据安全保存，作为今后智能油田建设的重要信息资源，通过建立"资源超市"，构成"决策中枢"，实现信息高度共享、数据深度分析（图2-8）。

（4）匹配与规范

在新型能力推广和提升过程中，定期收集各系统用户反馈意见，针对运行过程中存在的问题，组织专题研讨，制定解决方案，并及时修订现行制度规范，确保数据、技术、业务流程、组织结构之间的有效匹配和规范管理。新型能力打造过程优化调整示意图见图2-9。

（5）运行控制

为保障信息系统长效、高效运行，保持技术先进性和装备最优化，企业通过搭建运维管理平台、建立考核评价指标体系、组建专业化运维服务中心、开展规范应用示范工程等手段，重点推进企业自主运维能力和深化应用能力建设，助力

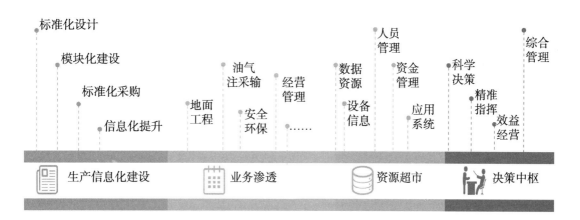

图 2-8 生产数据安全存储示意图

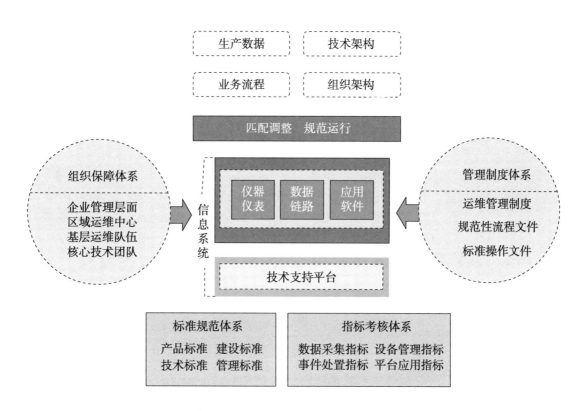

图 2-9 新型能力打造过程优化调整示意图

生产效益价值创造和生产技术指标提升，全面支撑了智能开采新型能力在企业内部的推广应用。油气生产信息化综合评价指标体系见图 2-10。

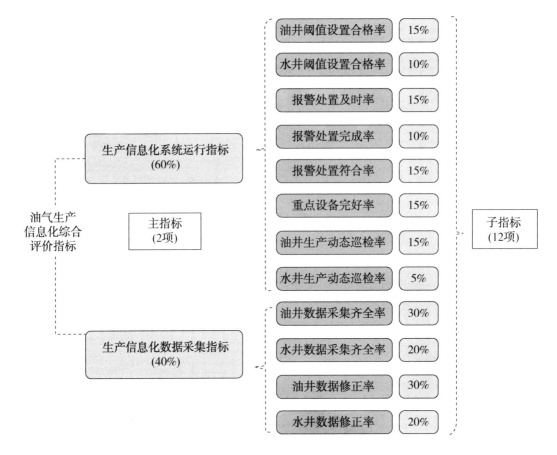

图 2-10 油气生产信息化综合评价指标体系

三、 实施效果与主要作用

1 实施成效

（1）提高了生产管理效率（图 2-11）。生产组织形式由传统人海战术向"中心值守+应急处置"模式转变，通过油气生产"人、机、网"联动，实现了基层班站人员岗位配置的"两增三减五优化"，采油站平均优化人员 50%，注水站平均优化人员 60%，劳动生产率总体提高 58%。

（2）提升了经营管理水平（图 2-12）。依托信息系统实时数据支撑，实施卡着"正点"采油、贴着"谷底"注水、把着"油脉"调配、顺着"需求"施策、围着"效

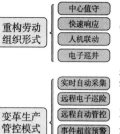

图 2-11　生产管理方面成效示意图

益"调整五项提质增效措施，让基层单位油藏经营工作逐步走向了精准化管理、信息化提升的科学管理轨道。

卡着正点采油

分析功图及载荷、电流变化等曲线，对间开井分层系实施精细优化管理，通过 SCADA 系统远程控制，实现间开井正点启停

贴着谷底注水

结合"尖、峰、平、谷"四个用电时段电价差别，利用 SCADA 系统和视频监控，实现谷期注水调配，大幅降低注水电费

把着油脉调配

生产数据的实时采集、传输，为油藏动态分析提供了有力的数据支撑，合理调配注水量，有效控制地层含水

顺着需求施策

运用生产实时数据，按需调整油井洗井周期、加药周期，建立起以数据为导向的精准施策机制，节约成本投入

围绕效益调整

依托生产指挥系统，以"产量不降、泵效提高、延长周期"为原则，对油井参数、平衡度、间开井优化调整，实现降本增效

图 2-12　经营管理方面成效示意图

（3）增强了过程管控能力（图 2-13）。建立了以生产指挥中心为枢纽的生产管理体系，开展信息化条件下的生产运行、风险管控、应急处置等全过程管理，实现关键生产设施全天候监视、重点施工环节全过程监管、重点污染源实时监测、危化品运输全程跟踪、突发应急事件协同处置，确保生产安全、高效运行。

（4）支撑了企业绿企建设（图 2-14）。通过生产与信息深度融合应用，基于生

| 安全环保全业务管控 | 关键生产设施、重点施工环节视频全程监控 |

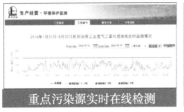

| 重点污染源实时在线检测 | 危化品运输GPS全程跟踪 | 应急事件可视化处置 |

图 2-13　过程管控方面成效示意图

产信息化实时数据的生产运行智能诊断和系统效率优化技术，助力绿色能源分析，促进油气生产绿色低碳运行，同时基于视频系统的安全环保智能管控技术，保障绿色生产安全受控。

图 2-14　绿色生产方面成效示意图

（5）加强了油区综治安全（图2-15）。依托生产管理信息系统，集成生产、安全、环保、综治等视频资源，实现"轻点鼠标键盘，掌控千里油区"，把"没有围墙的工厂"变成了"有围栏的电子井场"，协助社会治安综合治理工作，提升了油区民生安全保障水平。

（6）促进了技术指标提升（图2-16）。新型能力在油藏开发、生产运行、工程

油田场景建模

周界闯入报警

语音喊话联动

自学抽帧存储

自学习功能

图 2-15 综治安全应用示例

技术、安全环保、综治节能、资源优化、经营决策等方面应用效果突出、效益价值显著，基于系统应用和数据分析，实现基层单位工作质量的精准考核，引导一切工作都向价值创造聚焦，有效支撑了油藏经营管理水平的提升，为企业改革发展注入强劲动力。

2 主要作用

（1）在新型能力打造过程中，突出反映的效益效率理念、质量标准理念、统筹优化理念、精细管控理念，深刻影响和改变着广大干部员工的思维模式和工作方式，对企业员工思想观念的转变影响深远。

（2）信息与生产的融合应用，实现了生产动态精细管控、工作措施精准调控、现场问题精确预警防控，对老油田精细挖潜、提高开发效益提供了现代化手段支撑，有效促进了老油田精细化管理程度。

（3）通过配套生产管理流程再造，带动劳动组织形式的变革，极大促进了劳动生产率的提高，把一线员工从简单重复的劳动中解放出来，为促进老油田人力资源优化拓展了渠道。

图 2-16 技术指标前后对比情况

（4）推动了企业体制机制创新，聚焦质量效益，在油公司发展之路上进行了积极探索，对促进老油田转变发展方式、提升质量效益具有示范引领的重要意义。

第二节
工业互联网+生产理念

中国石化胜利油田分公司(以下简称胜利油田)隶属于中国石油化工股份有限公司(以下简称中国石化),是我国第二大石油生产企业。1964年投入开发,工作区域分为东西两个部分,东部主要分布在山东省东营、滨州、德州、济南、潍坊、淄博、聊城、烟台等8个市的28个县(区)内,主体位于黄河下游的东营市,其中济阳坳陷和浅海地区是胜利油田勘探开发的主战场;西部主要分布在新疆、内蒙古、青海、甘肃、宁夏等5个省(自治区),涉及准噶尔、吐哈等11个盆地。截至2016年年底,胜利油田在东部和西部地区共取得探矿权面积达11.47万平方千米,油、气资源总量分别为153.97亿吨、9741.1亿立方米,已发现不同类型油气田81个,累计探明石油地质储量54.55亿吨,投入开发油气田74个,累计生产原油11.53亿吨,生产天然气573.02亿立方米,为保障国家能源安全,促进国民经济发展做出了重要贡献。

一、 老油田"互联网+生产"运行管理模式建设背景

1 国家大力推进"互联网+"战略下工业互联网发展

工业互联网作为新一代信息技术与制造业深度融合的新兴产物,是新工业革命的关键支撑和深化"互联网+先进制造业"的重要基石,正在从消费品工业向装备制造和能源、新材料等工业领域渗透,全面推动传统工业生产方式的转变。对未来工业经济发展将产生全方位、深层次、革命性的影响。胜利油田作为传统能源企业,应根据国家"互联网+"行动计划,构建传统生产工艺技术与云计算、物联网、大数据、移动互联网等深度融合的"互联网+生产"生态系统,

不仅能为提升生产率、降本增效提供新的驱动力，还有助于加强资产资源的全生命周期管理和 HSE 管理。

2 中国石化加快推进"两化"深度融合迈上新水平

近年来，国际石油公司以工业互联网基础设施建设为基础，基本完成了勘探开发、生产管理、经营管理的智能化建设工作，与之相比较中国石化在工业互联网、智能化等方面亟待完善。中国石化深刻认识到推进"两化"深度融合的重要性和紧迫性，制定"互联网+"发展规划，抓住新一轮科技革命和产业变革的发展机遇，以"智能制造"和"互联网+"为主攻方向，加快推进"两化"深度融合，以信息化推动组织管理、生产运行、经营管理等持续创新的发展思路，着力解决"两化"深度融合中的突出问题，深化转型改革，走油公司高效发展之路。胜利油田作为中国石化所属的上游板块企业，应借鉴国际石油公司发展模式，深入贯彻中国石化"互联网+"发展规划，通过将油田传统生产技术与自动化、信息化深度融合，加强数据资源的深化应用，把"互联网+"、智能化技术作为油田未来发展的重要抓手和推动力，提升管理水平和经营水平，走新型石油工业化道路，推动油田可持续高质量发展。

3 胜利油田创新生产运行管理模式的需要

胜利油田已处于老油田开发后期，面临着资源接替不足、开发生产成本上升、经营管理难度加大等诸多严峻挑战，传统生产运行管理模式已经成为油田开发生产提质增效的发展瓶颈，借力"互联网+"、智能化技术，创新生产运行管理模式，成为胜利油田的必然选择。因此，胜利油田结合自身特点，提出了构建"互联网+生产"运行管理模式，以"四化"建设为实施路径，以油田传统生产技术与自动化、信息化深度融合支撑油公司体制机制改革创新的发展战略，充分考虑油藏类型的多样化和开发方式的差异化、生产规模和地域跨度大等实际情况，按照先试点、后推广的实施步骤积极稳妥推进，对生产全过程进行信息化建设和改造提升，促进"两化"高起点、高质量、高水平融合，打造智能生产新能力，以此推动传统管理模式变革，转变劳动组织形式，压扁管理层级，提高劳动生产率，实现油田改革转型发展。

二、 老油田"互联网+生产"运行管理模式的内涵和主要做法

面对机遇与挑战，胜利油田依据油公司建设要求，按照试点示范、推广应用两个阶段的实施步骤，科学谋划稳步实施，以"四化"建设为实施路径，促进油田"两化"深度融合，通过设计、搭建和应用三级生产指挥系统，攻关"两化"融合关键技术，促进油田传统工艺技术通过自动化、信息化手段提升，打造制度流程 E 化、全面立体感知、一体优化决策、全程数据评价、全程风险管控的智能生产新能力，配套完善一体化技术分析决策机制、经营决策优化机制、生产运行与综合管控机制、激励约束机制、市场化运行机制等五大机制，明确责任主体，优化创新工作方式，理顺制度流程，构建"互联网+生产"运行管理模式，为油田生产全过程转型升级，实现精干高效、转型发展创造条件，推动油公司体制机制改革创新，支撑油田生产开发提质增效。主要做法如下：

1 科学谋划，稳妥推进

胜利油田充分考虑油藏类型的多样化和开发方式的差异化、生产规模和地域跨度大等实际情况，制定试点示范、推广应用等两个阶段的实施步骤。

（1）试点示范阶段

在学习国际石油公司智能化油田建设经验基础上，对发展现状充分调研、调查摸底了解，优化完善，形成"互联网+生产"运行管理模式总体框架方案和配套建设方案。针对胜利油田主要油藏类型和开发方式，选取复杂断块低渗透的史 127、滩涂低渗透的桩 23、西部稠油的排 601-20、海油陆采的青东 5、海上的埕北 4E 这 5 个开采管理示范区，开展试点建设。这五种油藏类型和开发方式，基本涵盖胜利油田的全部油藏类型和开发方式，具有广泛的代表性和典型性，对于后续推广应用具有示范指导意义。

（2）推广应用阶段

按照不同示范区探索形成的建设模式，区分不同油藏类型、开采方式、开发阶段、生产环境及地面条件，对胜利油田全部建设区块进行研究论证，形成改造提升建设的多种标准化模式，在全油田分类实施，因地制宜，全面推广。

2 搭建三级生产指挥系统，推进两化深度融合

在标准化设计、模块化建设、标准化采购的基础上，通过设计、搭建和应用三级生产指挥系统，攻关"两化"融合关键技术，促进油田传统工艺技术通过自动化、信息化手段提升，为构建油田"互联网＋生产"运行管理模式搭建技术基础。

（1）开发三级生产指挥系统，搭建统一支持平台，开展顶层设计，构建体系架构

为搭建支撑油田"互联网＋生产"运行管理统一支持平台，通过深入研究和分析论证，开展顶层设计，确定了胜利油田生产指挥系统"361"体系架构，即：1个平台，分公司级、厂级、区域3个层级，6大功能模块，120个二级模块、448个业务功能。针对三个管理层级，明确PCS功能定位，分公司级定位于宏观协同指挥、监控指挥；厂级定位于动态分析、监控考核、协调组织；区域级定位于现场实时监控、现场处置、日常管理。

（2）满足功能需求，分层次系统开发

在总体系统架构下，根据系统功能需求，进行分层次系统开发。采集层，在井场、站场通过安装各类传感器，通过RTU/PLC实现生产数据采集；平台层，通过SCADA系统实时采集存储生产现场实时数据，并通过分析处理机制，形成满足需要的统一标准规范的生产数据，并应用GIS、GPS、视频、组态集成技术，进行二次开发后封装，为应用层提供统一技术支撑，提高了抗风险能力，确保了生产安全平稳运行；应用层，开发分公司级、厂级、区域三级生产指挥系统，满足各级人员的油气生产监测、分析诊断、报警预警管理等需求。

（3）生产指挥系统三级贯通，支撑生产高效运行

分公司级、厂级、区域三级生产指挥系统联动、上下贯通、层层穿透，直达单井，可由数据表征层层穿透、追本溯源，对指标波动逐级跟踪，关键设施精准定位、产量精准分析、负荷精准调控，实现对影响范围快速诊断、评估和事前超前预警(图2-17)。

分公司生产指挥中心监控生产数据时，发现某时间节点的数据波动幅度较大，

通过穿透到厂级生产指挥系统的对应指标排名，确定指标波动最大的单位；根据厂级生产指挥中心系统中各管理区的指标波动幅度的排序，确定影响采油厂指标波动变化最大的管理区；在目标管理区的生产指挥中心系统中，根据指标的监控界面，排查异常情况，进行远程调控。三级生产指挥系统确保了分公司、采油厂、管理区的数字化全覆盖，实现了对生产现场及工艺流程的远程监控，对生产异常的应急调度指挥，促进了各层级协调指挥、高效运行。

分公司生产指挥中心发现问题

↓

采油厂生产指挥中心追踪问题

↓

管理区生产指挥中心落实问题

图 2-17　三级生产指挥系统联动贯通

3　攻关"两化"融合关键技术，促进信息化提升

（1）优化产品定型流程

对于油田传统工艺技术与自动化、信息化技术相结合的生产前端技术产品，按照产品标准制定及研制、产品功能测试、小批量考核验证、功能持续完善等的流程对产品进行定型。以油田专用 RTU 为例：①结合现场需求制定产品标准；②测试产品技术要求，主要测试功图采集模式、测试抽油机类型、测试单/双死点等；③验证产品稳定性、可靠性，优化产品功能，主要有电滚筒抽油机中 RTU 与 PLC 控制器之间验证优化、温度变送器和压力变送器的一体化等；④长期持续优化产品功能，扩展了电压电流启动曲线、误码率检测、二级子系统接入等功能。通过此流程优化定型的技术产品在价格、稳定性、精度、标准化程度、适应环境等方面处于国内同行业领先水平。

（2）传统工艺与信息化有机融合

对生产前端井场、站库进行信息化建设和改造提升，建设成数字化井场、数字化增压站、数字化注水站、数字化联合站，促进传统工艺和信息化高效融合。数字化井场实现温度、压力、工况、电参等 8 大类 56 项参数的实时监控和自动采集；数字化增压站实现管线压力、温度、流量等参数自动采集，做到了无人值守；数字化注水站实现压力、流量等参数自动采集，稳流配水、恒压注水，少人值守；数字化联合站实现过程控制参数的测量、采集，压力、温度系统的平衡调节。

（3）"两化"融合技术成果

通过油田"两化"融合深入推进，突破油水井及场站自动化联合设备系列、生产现场智能化视频监控技术、生产全参数智能分析预警技术、生产前端自动及远程调控技术、信息化生产指挥应用平台、生产全过程数字化采集技术等六大核心技术；完成油井动液面在线监测技术、生产电功图技术开发与应用、油井工况诊断与智能分析等十大攻关研究课题；拥有 80 项专利成果，其中基于 CORBA 的异构油气田信息集成系统、油田用设备运行状态在线实时监控系统等实用新型专利 49 项，基于差压法在线计量非抽油机井液量的装置及方法、油井多功能控制柜及控制方法等发明专利 20 项，油田生产指挥中心管理区生产监控系统单元、油井工况诊断与智能分析管理辅助系统等软件著作权 11 项。

（4）"两化"融合技术成果应用

通过油田专用 RTU、多功能控制柜、智能视频监控等一系列油田"两化"融合技术成果的应用，实现传统生产方式向自动化、智能化生产方式的转变。①传统人工向自动化转变。生产数据由人工周期录取变为实时自动采集，人工现场巡检变为电子远程巡检，人工现场操作变为远程自动管控；②报警变预警。问题发现变为阈值报警，信息传送由逐级上报、下达变为实时推送共享，生产管控由事后被动处置变为事前超前预警；③监控变指挥。通过生产指挥系统的应用，分散管理转变为远程集中管控，决策方案更加科学，执行效率极大提高。

4 打造智能生产新能力，支撑油公司体制机制创新

通过打造制度流程优化、全面立体感知、一体优化决策、全程数据评价、全程风险管控的智能生产新能力，为油田实现精干高效、转型改革发展创造条件，有力支撑了油公司体制机制创新。

（1）制度流程优化，精准高效管控，明确管理边界，优化业务流程

根据油公司建设要求，压扁管理层级，明确管理边界，实施机构岗位专业化重组，建立配套管理体系。根据自动化与信息化建设需求，结合业务调研情况，以优化用工结构、提高运行效率为主线，梳理、优化业务流程，删除无附加价值的流程节点，简化交叉、重叠的复杂环节。理顺业务流程，对现有流程进行优化再造，调整组织结构，形成 PDCA 的闭环管理循环，实现生产业务制度、流程固

化提升，提高了业务运行效率。

（2）生产流程网上运行，支撑油田专业化改革

按照油田专业化改革要求，突出以管理区为中心的专业化和内部市场化管理，以提高专业化服务效率和质量为目标，围绕车辆、作业、维修、电力、动态监测、井组动态管理等核心专业化生产管理业务，打造专业化服务的全过程管控流程，实现采油管理区与专业化队伍、科研单位之间业务流程的全过程PDCA闭环管控，强化了生产业务的分层级管控和跨单位协同，强化事中跟踪监督、事后评价考核。采取集中协调和业务抢单相结合的方式，提高专业化服务资源使用和业务运行效率，有效支撑了油田专业化改革新形势。

（3）制度流程优化，助力生产高效运行

通过融合流程引擎和移动互联技术，将管理制度、业务流程、岗位职责优化，融入到流程管控节点，建立起"油公司管理模式下标准化、信息化的岗位工作流程"，充分发挥生产指挥中心的"大脑"作用，转变传统生产组织方式，围绕生产管理业务打造流程运行、业务管控、劳务统计、评价考核、移动应用五大功能模块，分公司、采油厂、管理区、专业化班站上下一体快速协同、信息共享。实现生产问题的精准分析、高效决策、快速处置，有效提升了生产运行工作质量和运行效率，充分落实采油管理区油藏经营管理主体责任和服务队伍自主选择权，助力生产管理业务高效运行。

5 全面立体感知，生产高效管控

（1）全面分析数据，快速发现问题

胜利油田通过数字化井场和站库建设，实时获取生产数据和视频图像，全天候、全参数、全过程的感知生产细微变化，实现数据自动采集与控制，通过分析全部数据，发现事件变化趋势，关注事件间的相关关系，及时从数据变化中发现问题，为油气生产全程把脉，实现生产管控实时化、自动化，为生产现场少人值守和无人固定值守创造条件（图2-18）。目前有3万多口油水井，1200多座站库实现"四化"建设全覆盖，每天采集约1.25T数据，相当于人工采集方式3年的数据量；建立采油、采气、注水、集输、巡护等系统，利用RTU、变频器、智能电表等定制产品，掌握油井、增压站、接转站、注水站等各设备的实时数据，每天采

集单井数据 115200 个、功图 48 张、温度 1440 个、回压 1440 个。

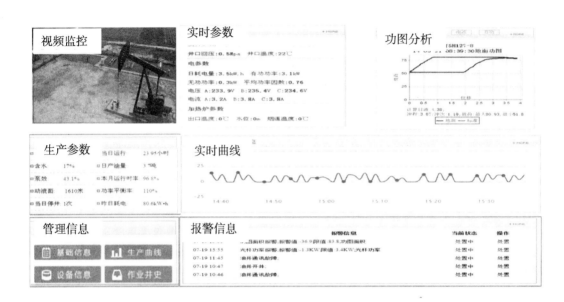

图 2-18 生产数据和视频图像实时获取

（2）生产过程数字化管控，提升协同运行效率

生产指挥中心通过生产指挥系统、移动终端互联互通，减少传递层级、提升运行效率，实现指挥直达单兵，专业化班站根据推送的生产计划指令实施工作量。①多专业协同管控。开展采油、注水、集输、设备、质量（标准、计量）、节能、HSE、信息（自动化）的一体化综合管控，实现生产效率稳步提升，提高报警处置及时率、油水井时率、时效；②生产异常精准管控。生产指挥中心根据实时生产参数变化，通过关键参数预警和多参数组合预警判断生产过程细微变化，合理设置生产参数阈值，对生产异常状况超前预警，将预警信息推送至不同层级协同处理，提升报警处置符合率；③生产现场实时管控。采取远程电子巡检与人工巡检相结合的方式，快速处置设备设施、仪器仪表运行状态在线监控、生产环节报警预警；④综合治理联动管控。管理区与护卫队伍实行联防联治，充分利用井场、管道、站库可视化数据全天候在线监控优势，管理区采取电子巡检+人工巡检+护卫队伍流动巡护的方式，形成精准定位、统一指挥、迅速出击的联合综治管理组织形式。

（3）应急处置协同管控，提升事件处置能力

依托生产指挥系统，生产指挥中心将各层级应急预案、处置进程、实时反馈

实现管理流程化。突发事件发生时，生产指挥中心通过实时视频、生产数据、人工现场落实等反馈信息快速研判、确定事件等级，并立即启动相应级别应急预案。生产指挥中心通过生产指挥系统将应急事件推送到各管理节点，与现场指挥人员和专业化队伍有效联动，在线监控整个处置过程，并对结果自动跟踪评价，提升了应急事件反应处置能力，实现处置流程最短、效率最高。

6 一体优化决策，主动协同管理

（1）以实时数据流打通业务流，生产动态分析一体化

利用前端数据自动采集，按照分公司、采油厂、管理区等各级各部门管理需求，通过信息化手段对采油、注水、集输等生产实时动态数据进行处理转换，与油藏地质、GIS、现场视频监控数据结合，对大量的历史数据进行全方位、多层次、多角度的汇总、统计分析与对比，并提供统计图形、分析报告，将数据转变为有价值的信息资源，建立诊断优化模型，以实时数据流打通业务流，跨专业、跨系统、跨部门协作联动，一体化动态分析油水井地面、井筒和油藏。

（2）实时共享信息资源，资源配置利用一体化

借助信息化手段网上实时共享资源供给与资源需求信息，根据工作统筹安排，实现资源动态与生产需求一体化平衡配置，满足生产管理需求。

①人力资源优化配置。通过一体化人力资源统筹配置模块，对年度人力资源创效目标进行全过程监控，结合人力资源动态变化实际，及时提出对各专业部门、单位的人员配备的优化建议，及时调整绩效激励考核政策，不断挖掘人力资源潜力；②存量资产调剂管控。利用油田资产共享激励政策，依托资产调剂共享模块，建立完善存量资产实施资源配置优化流程的网上运行方式，实现资产的调剂、交易和优化配置，提高存量资产利用效率。

（3）建立分析决策模型，生产经营一体化

以油藏经营效益最大化、可持续发展为目标，根据成本和生产变动情况，利用信息化手段将成本费用控制与生产动态优化调控结合，划小创效核算单元，精准分析经营指标，优化各项经营活动决策，实现运行成本最优、经济效益最优、经营决策最优（图2-19）。一是依托油田生产经营数据资源，建立油藏分析、工程分析、经营分析等分析决策模型，自由组合核算、分析单元，实现生产经营决策

智能化，为科学决策、精准决策、效益决策提供保障；二是依托经济产量效益评价决策模块，系统自动进行单井、单元、区块效益跟踪，实时监控单井所处的效益区间，分析效益变化趋势，平衡优化短期和长期效益，结合不同油藏类型单元采出程度及当前工艺技术水平，合理制定单元治理目标，有效控制自然递减率、含水上升率，做好经济可采储量与资产(资源)合理匹配，科学制定措施和配产方案，实现产量和效益的最优组合。

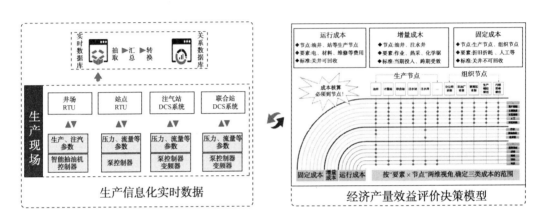

图 2-19　生产经营分析决策模型

7　全程数字评价，价值引领创造

（1）实时数据展现，打造精细运行

通过信息化建设提供的海量实时数据，实现生产情况全知道、管理水平全掌握、绩效考核全获取。生产过程管控由定性评价到定量考评、由阶段上报向实时获取转变。

①生产情况一览无余。开发、生产、经营等各类数据可以实时获取，通过历史、同期、实时等多维度对数据深度分析，将单井、节点、系统数据多层次展现。②管理水平一目了然。开井率、工况合格率、机采泵效、平衡合格率等多项指标数据可以即时生成，实时反映管理水平高低及潜力大小，实现同类单位、同类油藏对标追标(图 2-20)。③绩效考核一触即得。信息化手段使得分公司、采油厂、管理区指标数据层层穿透，最终将责任落实到人。

（2）以系统数据为支撑，引导价值创造量化考核

根据系统获取的生产开发经营实时数据，按照创效价值量、风险管控目标完

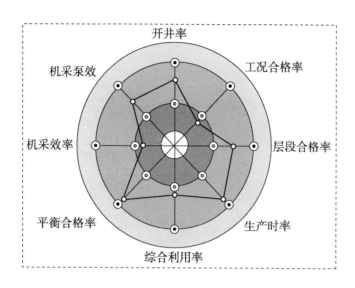

图 2-20 实时管理水平

成情况实行月度阶段累计考核，责任考核落实到岗位。①根据系统生成的效益数据，对管理区主营业务创效、非主营业务创效、管理费用降低等增效价值量进行核算，主要考核利润目标，实行月度阶段累计考核，多创效益部分按一定比例进行绩效奖励；②以风险管控数据为支撑，以油田风险管控责任考核为依据，对生产过程风险管控、经营管理风险管控、领导班子建设和领导干部管理风险管控、"三基"工作和基础管理风险管控等四项风险管控责任考核；③依托生产指挥系统，对单井、单台设备生产数据的全采集，实现工作量和价值量精准自动统计、工作效率在线监控、工作质量跟踪评价、工作效益自动核算，评价考核到单井、个人，责任考核落实至岗位，引导工作向价值创造聚焦。

8 全程风险管控，资源协同应用

（1）协同应用数据资源，QHSE 管理全流程管控

依托生产指挥系统，建立 QHSE 管理的全流程监控、处置体系（图 2-21）。

① 综合应用实时采集生产数据和生产现场可视化数据资源，覆盖井场、站库、海上平台等生产现场、关键部位，对生产过程、施工作业、油区治安全面监管，达到生产区域全面覆盖、重大作业全程追踪、关键部位全角摄录、监控扫描不留盲区，整个处置过程的在线监控，及时发现质量、安全隐患，及时启动预案、协调周边资源进行处置，并对处置结果自动跟踪评价，为生产过程的风险管控提供

图 2-21　QHSE 管理系统

支持。②按照事件严重程度设置蓝色、黄色、橙色、红色四个报警预警级别，分别为周期性工作预警、趋势向坏预警、生产异常预警、突发故障报警，实现全流程、全过程的参数异常实时报警、异常事件超前预警，为风险隐患的超前发现、超前分析、超前处置创造条件。

（2）系统自学习优化，节能低碳管理

依托生产指挥系统，建立节能低碳管理的监控、优化体系。①系统自动抓取能耗数据、指标，自动生成能源消耗和碳排放统计分析电子台账，并利用后台的逻辑判断规则，评价能耗指标完成情况，为管理人员推送异常数据；②利用能源管控模块的设备运行状态自学习功能，通过系统推演，自动优化配置电、气、水等动力设备运行参数，保持高效低耗运行，实现节能减排。

9　配套完善管理运行机制，保障生产经营高效有序开展

为保障"互联网+生产"运行模式高效运行，围绕职能定位和油藏经营管理责任，配套完善一体化技术分析决策机制、经营决策优化机制、生产运行与综合管控机制、激励约束机制、市场化运行机制等五大机制，明确责任主体，优化创新工作方式，理顺制度流程，提高油田发展质量和效益。

（1）配套完善一体化技术分析决策机制

明确一体化技术分析决策机制实施的责任主体，以油藏经营管理为核心，深化单元目标管理，将经济效益评价贯穿于整个技术分析全过程，强化价值创造激励，保障地质、工艺、地面的一体化技术分析，从油藏开发的角度优化方案，从油藏经营的角度优选方案，最终形成最优的技术解决方案，实现技术决策效益最大化。

① 清晰划分业务界面。明确管理区与地质研究所、工艺研究所间的职能界面。②确定技术决策内容。在产量成本结构优化决策、动态分析及调整优化决策、单井方案优化决策及评价、单元注采调整外委服务、开发方案外委服务、地面系统技术决策、单项投资技术决策等7个方面完善管理制度和配套业务流程，建立单元目标管理长效机制，定期组织动态分析工作，提升油水井设计水平，持续提升一体化技术决策水平。

（2）配套完善经营决策优化机制

明确经营决策的责任主体，坚持注重质量和效益、持续有效的原则，树立生产经营活动可评价、可优化的理念，划小创效核算单元，配套管理制度，持续深化区块目标管理，建立资源资产效率最大化、运行成本最优化的经营管理体系，提升油田整体发展效益。

① 优化经营目标。对下达的年度利润目标，可从主营业务和非主营业务中挖潜增效，发挥各业务的潜力，明确基本目标和创效目标，并分解到岗位，激励岗位价值创造，确保经营目标完成。②优化经营过程。完善技术方案效益评价、人力资源创效决策、存量资产调剂决策、经营方案优化决策等4个方面管理制度和配套业务流程。对经营目标完成情况进行全面监控，对各类业务节点、组织节点的单耗、单位成本等经营指标进行动态跟踪，对无效、低效工作量及时制定整改或挖潜方案，确保经营目标完成。

（3）配套完善生产运行与综合管控机制

明确生产运行与综合管控的责任主体，以生产指挥中心为枢纽，开展信息化条件下的生产运行、生产过程风险管控、生产应急协同处置、服务业务监管、跟踪评价等全过程的综合管控，保障技术、经营决策方案执行落地实施，确保生产经营活动的高效低耗、质量最优、风险受控、长周期运行。

① 划清业务界面。分公司、采油厂根据工作需要协调补充专业化队伍和社会化队伍，明确划分管理区、专业化队伍、社会化队伍的职责和职权，降低协调成本，提高生产运行效率。②生产过程实时管控。生产指挥中心依据经营决策内容和日常管理需要，通过生产指挥系统与移动终端互联互通，整合生产运行环节各要素，由管理区的生产指挥中心统一协调各组室、专业化班站、专业化队伍及社会化队伍组织实施，实现多专业协调管控、生产异常精准管控、生产现场实施管控、综合治理联动管控。③生产过程风险管控。实行"生产预警+视频监控+现场监督"的全方位、全过程风险监控管理，落实 QHSE、节能低碳、生产应急协同、服务业务监管等风险管控责任。

（4）配套完善激励约束机制

完善对各级主要管理人员的绩效考核，制定与单位职责相对应的考核体系。以价值创造为核心，突出价值引领、效益导向，建立健全"经营绩效+风险管控责任"考核体系，划小核算单元，以价值量化推动效益化考核，压实价值创造和风险管控责任，以价值最大化、资源最优化为方向提高油藏经营效益，引导生产管理工作向价值创造聚焦。

① 对单位的考核。实行经营绩效考核与风险管控责任考核、工作水平考核相结合的多元方式，主要考核单位利润，加强对生产经营、领导班子管理、基础工作的风险管控责任考核，注重在争先创优活动中的业务评比考核。②对部门、岗位的考核。按照"经营绩效+风险管控责任"要求，将风险管控责任考核至部门、岗位，充分调动全员创新创效的积极性。

（5）配套完善市场化运行机制

在油田层面构建以业务需求单位为中心、专业化队伍和社会化队伍提供服务保障的市场化运行体系，完善定额价格体系，探索"优质优价"结算运行模式，建立运行高效的市场关系，完善市场化价格体系，关联甲乙双方利益和责任，积极引导服务队伍在全油田范围内开展市场竞争，促进油田专业化队伍从保障型向经营型转变。

① 构建市场化运行体系。探索业务大包、优质优价等多种市场化合作方式，建立统一、科学合理、全覆盖的内部定额价格体系，实现利益共享和风险共担。采取招投标等方式选择专业化队伍。完善专业化队伍服务的结算与管理，通过油

田市场运行管理系统共享各专业化队伍的考核、评价、排名、结算信息，助力队伍提高管理水平和服务质量。②建立规范有序的市场关系。以油田定额价格体系和框架协议为基础，建立与油田专业化队伍间的市场关系；以定额价格体系为基础，建立与专业化队伍间的市场关系；以经济合同和承包商管理办法为基础，建立与社会化队伍间的市场关系。

三、 老油田"互联网+生产"运行模式应用效果

1 提升了油田生产运行的管理质量和经济社会效益

（1）生产运行效率显著提高，经济效益大幅提升。通过对胜利油田2017年与2013年的经济、技术和运行指标数据整理分析得出，经济、技术和运行指标大幅优化，自然递减率下降3.12%，平均检泵周期延长309天，采油时率上升1.62%，平均机采系统效率上升6.1%，老井作业费用下降10376.3万元，机采举升用电量下降6.5%，平均单井用人下降45.8%，平均劳动生产率提高73%。

（2）社会效益随着经济效益不断提高。在"互联网+生产"运行管理模式下，一方面，通过生产管理流程优化再造，自动化、信息化技术提升，大量简单重复劳动被信息技术取代，劳动强度大幅度降低，工作环境明显改善，工作的幸福指数显著提高，为促进老油田人力资源优化拓展了渠道。另一方面，由于信息化技术的运用，转变了传统生产组织方式，管理层级大幅压减，组织机构精干高效，提高了劳动生产率和运行管理水平，有力支撑了油田的可持续发展。

2 初步探索构建了胜利特色的"互联网+生产"运行管理模式

通过探索实践"互联网+生产"运行管理模式，对于助力胜利油田改革转型发展，生产开发提质增效发挥了重要作用，对于国内同行业企业推动老油田转型发展，走现代化油公司之路具有典型示范作用。①积极推进了油公司体制建设。在"互联网+生产"运行管理模式下，以业务流为基础，明确责任主体，压扁管理层级，专业化重组，构建了精简高效的组织机构，变革了传统管理模式，实现了生

产管理高效运行。②积极推进了油公司机制建设。在"互联网+生产"运行模式下，通过配套完善五项保障机制，促进生产运行、技术管理、经营管理等相关制度流程创新，完善专业化管理、市场化体系、价格体系和激励考核的建设，保障了自动化、信息化技术与生产管理的融合提升，实现了生产、技术、经营、人力等资源的优化配置，有力推进了油田转型改革发展。

第三章 数字油田建设主要做法及效果

以提升管理区运营能力为基础，构建与油田改革管理发展相适应、生产经营管理运行高效、油气主业价值创造能力显著提升的新型油藏经营管理模式，全面创建以信息化为支撑、市场体系完善、油藏经营管理责任落实的单元-新型采油管理区。

新型采油管理区是油藏经营管理和风险管控责任主体，是油藏经营独立核算单元，负责油气生产存量业务管理，对油藏经营过程的投入、产出进行价值核算，实现创效能力逐年提升。开发单位承担管理区的经营目标、绩效与风险管控考核政策的制定，负责组织、人事管理、滚动勘探、产能建设、厂级应急处置、大型基础设施建设及重大安全隐患治理等工作；为管理区油藏经营管理提供技术支持，构建和培育市场环境，协调处理超出管理区权限范围的业务事项；对管理区生产经营活动的依法合规性、安全清洁生产、廉洁稳定等实施监督。管理区与专业化队伍、社会化队伍是甲乙方市场关系。管理区作为甲方，生产经营需要从乙方购买服务，乙方为管理区提供优质高效的服务，并接受管理区的监督评价，双方遵循"利益共享、风险共担"的原则，探索"优质优价"等合作方式，实现合作双赢。

第一节
构建新型管理区建设的信息化支撑体系

胜利油田共有117个采油管理区，其中112个陆上采油管理区实现四化建设全覆盖，海上3个管理区正在建设，鲁胜鲁安、东胜蒙古2个管理区暂不建设，累计建设完成24723口油井、7673口水井、468座站库。通过标准化设计、模块化建设、标准化采购，提升信息化建设水平，实现油气生产参数实时全采集、源头数据自动入库、关键节点远程控制，共享不同信息系统的成果数据，实现"一次录入、一套数据、一个平台"的应用目标。依托生产指挥系统整合现有信息化系统，满足管理区开发生产、技术分析、经营管理、量化考核等业务管理需求。

一、 生产过程数字化

（1）生产数据实时采集。通过对单井、单台设备生产数据的全采集，实现工作量、价值量、消耗量的精准统计。通过数字化井场和站库建设，实现数据自动采集与控制，达到生产管控实时化、自动化，为生产现场少人值守和无固定值守创造条件。

（2）生产现场可视化。视频监控覆盖井场、站库、海上平台等生产现场、关键部位，实现生产过程、施工作业、油区治安的可视化监控。达到生产区域全面覆盖、重大作业全程追踪、关键部位全角摄录、监控扫描不留盲区，为生产过程的风险管控提供支撑。

二、 分析决策智能化

（1）生产异常预警。建立生产异常的报警预警体系，实现全流程、全过程的参数异常实时报警、异常事件超前预警，为故障隐患的超前发现、超前分析、超前处置创造条件。

（2）模型化分析决策。依托大数据，建立油藏分析、工程分析、经营分析等分析决策模型，自由组合核算、分析单元，实现分析决策智能化，为科学决策、精准决策、效益决策提供保障。

三、　业务流程信息化

管理区重点业务流程实现网上运行、线上流转，保障管理区生产、技术、经营等管理业务的高效、规范运行，为生产运行与综合管控机制提供支撑。

四、　绩效考核精准化

依托生产指挥系统，对各项业务量化考核、实时考核，考核到单井、个人，实现工作量自动统计、工作效率在线监控、工作质量跟踪评价、工作效益自动核算，为激励约束机制建设提供支撑。

第二节
构建市场化运行体系

构建以管理区为中心、专业化队伍和社会化队伍提供服务保障的市场化运行体系，完善定额价格体系，探索"优质优价"结算机制，建立运行高效、规范有序的市场运行关系，形成服务队伍在全油田范围内开展市场竞争，促进管理区重经营、强管理、提效益，促进油田专业化队伍从保障型向经营型转变，打造甲乙双方利益共同体、责任共同体、命运共同体。

一、 建立运行高效、 规范有序的市场关系

强化管理区市场化意识，管理区通过油田市场运行管理系统，直接选择油田专业化队伍，在专业化队伍不能满足管理区生产需要时，可通过开发单位采取招投标方式选择社会化队伍。在施工服务过程中，管理区将专业化队伍和社会化队伍纳入日常监管，并对设计审查、开工验收、施工过程等方面负有甲方监管责任。将运行质量、服务质量、生产时效、风险管控、三基三标等作为费用结算依据，进一步增强乙方服务意识。分公司、开发单位分级负责市场协调和结算争议的调解和仲裁。

管理区与油田专业化队伍之间：以油田定额价格体系和框架协议为基础，专业化队伍负责输出优质、高效的专业化服务，管理区负责提供良好的工作环境。双方共同执行油田、开发单位管理制度，管理区有权对专业化队伍的服务进行监督、评价和考核。

管理区与开发单位专业化队伍之间：以开发单位内部定额价格体系为基础，专业化队伍向管理区提供技术支撑、后勤保障和综治护卫等优质、高效的市场服务，双方执行开发单位管理制度。

管理区与社会化队伍之间：双方以招投标、竞价谈判等形式确立合同关系，以经济合同为纽带，按照承包商管理办法进行日常监督管理，根据合同约定履行各自义务。

二、 完善内部市场化运行机制

1 完善市场化价格体系

定额价格是市场机制的核心，分公司、开发单位建立统一、科学合理、全覆盖的内部定额价格体系，及时补充完善新技术、新工艺、新材料的定额价格，提供内部市场结算依据。在市场化建设过程中，分公司应对油田专业化队伍从"区域合作+项目组运行"模式，逐步过渡到分公司托底，专业化队伍和社会化队伍市场化竞争模式，最终形成市场化价格体系。

2 完善市场化运行机制

统一建立市场运行管理系统，管理区根据生产经营需求和专业化队伍保障能力，直接选择符合条件的专业化队伍，简化运行流程，变行政命令为市场资源配置，开发单位做好对外协调，让管理区与专业化队伍相互沟通协调成为自觉的市场行为，双方共同专注于管理与技术。

3 完善竞争机制

通过油田市场运行管理系统共享各专业化队伍的考核、评价、结算信息，对同类专业化队伍实施排名，引导队伍通过质量、效率、技术竞争，提高管理水平和服务质量，为管理区优选队伍提供依据。

4 完善风险共担机制

探索业务大包、优质优价等多种市场化合作方式，专业化队伍要"想甲方之所想""干甲方之所需"，实现管理区与专业化队伍利益共享、风险共担。

5 完善专业化队伍服务的结算与管理

油田加强对专业化队伍的经营绩效与风险管控责任考核，完善专业化队伍跨区域结算渠道，以管理区对专业化队伍在现场管理、服务质量、HSE、工作时效等方面的结算考核为考评依据，综合考评服务满意率指标，考评结果纳入专业化队伍领导班子基础管理风险管控责任考核，切实增强专业化队伍服务意识，提升服务质量水平。

对于时效性要求高的电力、维修等专业化服务业务，可采取按时率或对生产造成损失的多少进行结算；对于可计算免修周期和提供产品的作业、注汽(气)等专业化服务业务，可按照免修周期长短和产品质量进行结算；对于提供服务的车辆、测试等专业化服务业务，可按基础定额及服务质量协商结算；对于技术检测(监督)等专业化服务业务，可采取按工作量和挽回甲方经济损失数额共享方式进行结算。

第三节
构建数字油田组织保障体系

围绕油藏经营管理核心业务，厘清工作界面，精干核心业务，搭建管理责任清晰、岗位设置科学合理、员工队伍优化配置的管理区组织体系。

一、 组织架构

以专业技术业务流和技能操作业务流为基础，管理区根据自身管理规模、技术能力、管理幅度和管理水平，合理优化专业技术和技能操作业务配置，确保职责清晰、管理高效。

1　专业技术业务配置

以技术分析、经营管理、生产运行、党建保障、经营考核等业务流为基础，管理区可设置生产指挥中心、技术管理室、经营管理室和综合管理室。根据油藏特点、油水井分散程度，经营开发管理难度，管理区可设置"一室一中心""两室一中心""三室一中心"。其中：设置"两室一中心"，可将经营管理室并入综合管理室，设置"一室一中心"，可将技术管理室并入生产指挥中心。

2　技能操作业务配置

以采油注水、泵站运行、资料化验等业务流为基础，管理区可设置采油站（注采站）、注水站、集输站、资料化验站等专业化班站。名称设置应统一规范，有多个同类生产班站的，可结合班站地域分布命名，也可按数字顺序依次命名设置。

二、 岗位设置

根据组织架构和业务范围，管理区可设置管理、专业技术、技能操作3类岗位。

（1）管理岗位：管理区领导班子为管理岗位，可设书记、经理、副经理、工会主席、纪检书记(委员)等岗位。

（2）专业技术岗位："三室一中心"人员及专业化班站的站长(副站长)为专业技术岗位。生产指挥中心可设置主任、副主任、综合运行、采油管控、注水管控、集输管控、自动化(信息)管理、视频管理、油地协调、设备管理、水电气管理、作业管理、QHSE管理等岗位。技术管理室可设置主任、副主任、地质管理、采油工程、注水工程、油气集输工程等岗位。经营管理室可设置主任、副主任、经营考核、成本管理、计划统计、薪酬管理、用工管理等岗位。综合管理室可设置主任、副主任、行政管理、党建和纪检监察、宣传、综治与稳定管理、工会与青年工作管理、女工与计生管理等岗位。

（3）技能操作岗位：管理区可在采油站(注采站)设采油工岗位，在注水站设注水工岗位，在资料化验站设资料员、化验员岗位。管理区可根据自身实际生产规模和人员配置情况，按职能分工，采取"一人多岗，一岗多人"等不同方式优化岗位设置。

三、 人员配置

按照精干高效的原则，综合考虑管理区油藏经营能力、油气水井数量和管理规模等因素，合理配备管理区人员。

1 管理和专业技术业务人员配置

管理区应根据管理油气水井总数，科学配置管理和专业技术业务人员(不含班站长)。管理区设置"一室一中心"的，管理和专业技术业务定员25人左右；设置

"两室一中心"的，定员 30 人左右；设置"三室一中心"的，定员 40 人左右。

2　技能操作业务人员配置

管理区可根据管理幅度和油气水总井数等，合理配置各班站人数，班站内部不再分组。原则上，技能操作人员由管理区自主确定，按照班站经营绩效，根据贡献大小考核到个人。

构建五大机制为核心的油藏经营管理体系

管理区围绕职能定位和油藏经营管理责任构建以技术分析决策、经营决策优化、生产运行和综合管控、党建思想文化保障、激励约束为主要内容的五项管理机制。

一、 一体化技术分析决策机制

一体化技术分析决策是以油藏经营管理为核心，不断深化单元目标管理，将经济效益评价贯穿于整个技术分析全过程，强化管理区内部价值创造激励和外部市场化技术服务激励，保障地质、工艺、地面的一体化技术分析，从油藏开发的角度优化方案，从油藏经营的角度优选方案，最终形成最优的技术解决方案，实现技术决策效益最大化。

技术管理室和生产指挥中心是管理区一体化技术分析决策机制实施的责任主体。负责组织一体化技术分析，开展经济效益评价，跟踪技术决策实施效果。

1 产量成本结构优化决策

产量决策优化：在开发单位指导下，以单元目标化管理为基础，考虑短期和长期效益的平衡优化，针对不同油藏类型单元采出程度及当前工艺技术水平，合理制定单元治理目标，有效控制自然递减率、含水上升率，做好经济可采储量与资产(资源)合理匹配，实现产量和效益的最优组合，依托"经济产量效益评价决策平台"进行单井、单元、区块效益跟踪，评价产量运行效果。

技术管理室围绕管理区下达的产量创效目标，进行产量结构优化，确定产量、工作量和效益最佳匹配方案，制定月度产量运行规划，确保吨油成本最低。

稳产长效投入优化：在执行开发单位制定的稳产长效投入计划前提下，优化管杆中长期投入，优化水井长效投入，优化安全环保及地面长效投入，确保管理区油藏经营持续创效。开发单位对长效投入、安全环保技术措施、稳产基础进行专项费用下达，确保稳产长效费用使用到位。

2　动态分析及注采调整优化决策

管理区开展以单元、井组为单位的动态分析和注采调整，即通过井组生产数据（液量、含水、液面、水井注入压力、水量）预警动态变化，通过对一性资料、工况、注水、地面状况进行诊断分析，制定注采调整方案，并进行效益评价。管理区对注采调整产生的效益进行价值创造岗位绩效兑现。动态分析创效=动态调整（或减缓递减）增油量×油价-动态调整实施成本-运行成本。

3　单井方案优化决策及评价

技术管理室牵头组织单井技术方案的制定和优化，由管理区经营优化决策后自主组织实施，并对创效结果进行价值创造岗位绩效兑现。单井日常维护创效：通过对一井一策维护后产量增加或成本减少情况的评价分析，进行价值创造绩效兑现。单井维护作业创效：对维护频次下降和作业成本优化创效情况进行价值创造绩效兑现。单井一般措施作业创效：对措施效益进行价值创造绩效兑现。

4　单元注采调整外委服务

管理区依据单元目标管理要求，对单元注采调整提出技术服务需求，可优先委托地质研究所、工艺研究所开展注采调整方案优化工作。管理区根据注采调整工作量单井措施效益进行经营决策，优化实施顺序并组织实施。管理区根据措施实施后的效益，在定额的基础上，按比例对地质、工艺等技术服务方进行价值创造优质优价结算。措施增效=措施增油量×油价-措施成本。措施成本：包括措施技术服务费用、作业费用、电费增量和新增地面配套费用。

5 开发方案外委服务

对于老区综合调整方案、新区产能方案和零散井、更新井、侧钻井方案，管理区根据年度新井产量规划，可与地质研究所、工艺研究所签订年度技术服务合同，明确技术服务目标及方案增效价值分配方案。

6 地面系统技术决策

对地面系统技术方案，在估算增量收入和增量成本的基础上分析"增量效益"，考虑年度预算，计算全生命周期内的收益。对有增量盈利能力的项目优化实施，对达不到增量效益要求的项目，应对项目安全、环保等不易量化的相关效益进行定性分析，通过定量与定性的综合分析科学决策。

7 单项投资技术决策

开发单位技术部门和业务科室部署的新技术、新工艺项目，由开发单位组织一体化论证，进行投入产出效益评价。通过开发单位效益评价项目，由管理区负责现场实施。实施后，对于有效益的投资类项目，管理区按增效比例兑现给开发单位用于岗位创效激励；对于无效益的投资类项目(不含安全环保项目)，年度折旧费用由开发单位承担。

二、 经营决策优化机制

以油藏经营效益最大化、可持续发展为目标，树立一切生产经营活动可评价、可优化的理念，划小创效核算单元，精准分析经营指标，优化各项经营活动决策，实现运行成本最优、经济效益最优、经营决策最优。

管理区领导班子是经营决策的责任主体，负责各项生产经营活动经营决策的优化与实施。经营管理室组织生产经营活动分析，为经营决策提供支持。

1　确立经营目标

管理区对下达的年度利润目标，可从主营业务和非主营业务中挖潜增效，分解到专业技术业务和操作技能业务中，发挥各业务的潜力，明确基本目标和创效目标，并构建到"三室一中心"、专业化班站及岗位，激励岗位价值创造，确保经营目标完成。管理区可将主营业务和非主营业务创效在月度运行上相互补充，努力保持全年目标运行平稳。

2　优化经营过程

经营管理室对管理区经营目标完成情况进行全面监控，对各类业务节点、组织节点的单耗、单位成本等经营指标进行动态跟踪，对无效、低效工作量及时制定整改或挖潜方案，确保经营目标完成。

（1）技术方案效益评价。增量投资或开发动态调整等技术方案经过一体化技术分析决策后，经营管理室应及时开展经济效益评价，为经营决策优化提供依据。经营优化决策通过后，技术方案方可进入生产实施环节。未通过经营决策的技术方案，技术管理室、经营管理室应紧密结合，进一步优化或变更技术方案。

（2）人力资源创效决策。开发单位和管理区应贯彻执行分公司《人力资源优化配置指导意见》，开发单位将管理区人力资源优化配置考核视同成本节约。经营管理室应对管理区年度人力资源创效目标进行全过程监控，结合人力资源动态变化实际，及时提出对"三室一中心"和专业化班站人员配备的优化建议，及时调整外闯市场人员的激励政策和绩效考核方案，不断挖掘人力资源潜力。

（3）存量资产调剂决策。管理区应充分利用油田资产共享激励政策，依托资产调剂共享平台，建立完善以经营管理室为评价主体、经营班子实施经营决策的存量资产优化论证程序，实现资产的调剂、交易和优化配置，完成存量资产创效目标。

（4）经营方案优化决策。经营管理室定期组织召开经济活动分析例会，对管理区、"三室一中心"、专业化班站的基本目标和创效目标阶段完成情况进行评价分析，找出未完成创效利润目标的原因，完善下步创效措施，持续优化经营方案。

三、 生产运行与综合管控机制

生产指挥中心是管理区生产运行与综合管控机制实施的责任主体，是专业化队伍和社会化队伍的协调管控部门。以生产指挥中心为枢纽，开展信息化条件下的生产运行、风险管控、应急处置、跟踪评价等全过程的综合管控，确保生产经营活动的高效低耗、质量最优、风险受控、长周期运行。生产指挥中心是管理区生产运行与综合管控机制实施的责任主体，是专业化队伍和社会化队伍的协调管控部门。

1 生产过程管控

生产指挥中心依据管理区经营决策内容和日常管理需要，整合生产运行环节各要素，编制生产运行计划，确立生产指挥中心在生产组织过程中核心地位，由生产指挥中心统一协调各组室、专业化班站、专业化队伍及社会化队伍组织实施。

生产指挥中心通过生产指挥系统与移动终端互联互通，减少传递层级、提升运行效率，实现指挥直达单兵。专业化班站根据推送的生产计划工作量按指令实施，实现班站岗位工作量化考核。

（1）多专业协同管控。开展采油、注水、集输、设备、质量（标准、计量）、节能、HSE、信息（自动化）的一体化综合管控，实现报警处置及时率稳步提升，提高油水井时率、时效，配套时率产量价值创造考核。

（2）生产异常精准管控。生产指挥中心根据实时生产参数变化，通过关键参数预警和多参数组合预警判断生产过程细微变化，合理设置生产参数阈值，对生产异常状况超前预警，将预警信息推送至不同层级协同处理，实现报警处置符合率稳步提升。对生产异常的精准管控直接兑现岗位绩效。

（3）生产现场实时管控。采取远程电子巡检与人工巡检相结合的方式，实现设备设施、仪器仪表运行状态在线监控、生产环节报警预警快速处置。可根据管理幅度配备巡检车辆，提高巡检质量、大幅减少人工巡检频次，优化现场用工。

（4）综合治理联动管控。管理区与护卫队伍实行联防联治，充分利用井场、管道、站库可视化数据全天候在线监控优势，管理区采取电子巡检+人工巡检+护卫队伍流动巡护的方式，巡护重点区域，形成精准定位、统一指挥、迅速出击的联合综治管理模式。

2　生产过程风险预警

实行"生产预警+视频监控+现场监督"的全方位、全过程风险监控管理，落实安全、环保、质量、节能低碳等风险管控责任。

（1）QHSE 管理。以安全生产岗位责任制为基础，以安全"三基"工作要求为导向，切实落实 HSE 管理责任，树立"有什么样的甲方就有什么样的乙方"理念，加强安全"三基"管理，不断夯实管理基础。突出风险管理和隐患治理，强化工艺设备、直接作业环节等方面的风险识别与管控，确保本质安全。按照"管业务管安全、谁引进谁负责"的原则，开展风险辨识及隐患排查治理，常态化开展"全员安全诊断"工作，从源头落实风险应对措施。强化承包商安全管理，开展入场检查与安全教育培训，按照作业交底要求开展 JSA 风险分析，严格承包商考核管理。做好生产施工各环节的环境保护和污染防治工作，提高 HSE 风险管控能力。健全完善质量标准体系，明确各岗位执行的标准，强化标准实施。明确生产过程质量管控目标及要求并严格执行，对油气生产、作业、维修、地面工程等重点环节进行全面监管。及时发现质量隐患，实施质量在线跟踪评价，持续开展现场质量改进活动。开展管理区计量自主管理，实施计量器具分类检定校准，确保生产数据准确可靠。

（2）节能低碳管理。健全完善能源消耗和碳排放统计分析电子台账，强化用能计量器具配备，抓好能耗定额考核指标管理，通过能源管控模块，实时优化电、气、水等动力设备运行参数，配套应用先进技术、先进设备，保持高效低耗运行，实现节能减排。

3　生产应急协同处置

生产指挥中心通过生产指挥系统，将各层级应急预案、处置进程、实时反馈实现流程化。突发事件发生时，生产指挥中心通过实时视频、生产数据、人工现场落实等反馈信息快速进行研判确定事件等级，并立即启动相应级别应急预案。

对管理区可处置的应急事件，生产指挥中心通过生产指挥系统应急推送到管理区各节点。现场指挥人员与生产指挥中心进行有效联动，生产指挥中心利用信息化手段进行整个处置过程的在线监控，并对结果自动跟踪评价。管理区对管线穿孔、电力、网络、综治等应急事件与专业化队伍应急响应联动，提升应急事件反应处置能力，实现处置流程最短、效率最高。对管理区处置权限以上级别的应急事件，按处置要求进行上报，并做好配合与监控。

4 服务业务实时监管

（1）油地关系协调。管理区负责处理服务队伍施工前的油地关系协调，保证具备施工上修条件。施工过程中，服务队伍产生的油地关系、环保问题由服务队伍自行处理。

（2）三废处理协调。施工过程中产生的固液气污染物，按照安全环保规定分清责任，妥善处置。

（3）QHSE监管。管理区作为甲方，承担施工过程中的安全质量监管责任，按照承包商安全质量管理要求，做好现场安全质量监督管理。服务队伍作为乙方，承担施工过程中的安全质量主体责任，服从管理区安全质量监管。对于施工现场出现的各类安全质量问题和隐患，管理区有权要求服务队伍立即整改或停止作业，并按安全质量协议内容条款进行劳务扣罚。

（4）问题仲裁。对于双方合作过程中出现的争议问题，由服务队伍进行举证，管理区与服务队伍协商解决。无法解决的，由上级部门进行仲裁。

四、 党建思想文化保障机制

党建思想文化工作为新型管理区改革发展提供政治保障、思想引领和文化支撑，坚持直入核心、融入中心、深入人心，围绕强固"三基"工作，夯实管理基础，提升油藏经营管理能力，突出"抓班子、带队伍、强三基、保稳定、促发展"五项主要任务，加强基层党建、宣传文化、党风廉洁和群团建设，推动政治优势转化，构筑胜利高地，促进管理区提质增效持续发展。

1 组织设置

按照"三个有利于""四同步"原则，以采油管理区为责任主体，合理设置党委（总支）或党支部，设立纪检监督工作小组。成立党委（总支）的，按业务责任设立基层党支部，最大限度减少联合党支部，具备条件的要成立党小组。坚持以专为主、专兼结合，配备党支部书记。在班站合理配置党小组长、班站长、工会小组长、团青小组长、兴趣小组长基层"五长"。

2 主要任务

（1）抓班子。严格执行"三重一大"议事决策制度，把方向、管大局、保落实。压紧压实党风廉洁建设"两个责任"，严格整治"微腐败"，深化廉洁示范单位创建。强化班子成员党内角色意识，坚持党政同责、一岗双责，抓好"三会一课"等组织生活制度落实，营造风清气正、干事创业良好政治生态和企业管理生态。

（2）带队伍。加强理想信念教育，用党的十九大精神和习近平新时代中国特色社会主义思想武装头脑、指导实践。强化观念引导和形势任务教育，汇聚壮大正能量，严抓执行力建设，把思想行动统一到完成油藏经营目标任务上来。突出"严细实"作风养成，加强"有魂、有规、有情、有形"基层文化建设，规范使用中石化品牌标识，开展"全家福"文化行动，促进员工快乐工作、幸福生活。

（3）强"三基"。坚持党支部建设与"三基"工作相融互促，以支部带单位、以党小组带班站、以党员带群众。按照《新型管理区规范建设管理大纲》要求修订管理手册和操作手册，培植岗位责任心，落实岗位责任制，推进"十项制度""六项训练"执行落地。抓实安全"三基"，反"三违"强"三标"，向低老坏、脏乱差宣战，创建星级班站、安全生产示范班站和安全生产示范岗，打造标准化管理区综合性示范工程和领导干部"三点"示范工程。

（4）保稳定。有针对性地开展员工思想动态分析，推进 EAP 与一人一事思想政治工作深度融合。强化意识形态工作责任制落实，抓实信访维稳和舆情管理，做到守土有责、守土负责、守土尽责。深化基层民主管理，常态化长效化开展"走基层、访万家"、便民志愿服务，做好帮扶救助等民生工程，共享改革发展成果。

（5）促发展。聚焦价值引领和"1+2+2"绩效考核，深化推进油田主题活动，选树油藏经营管理、资源优化、外闯市场等先进典型，开展"五项劳动竞赛"、群众性岗位建功和创新创效创优劳动竞赛，推广用好基层管理妙法实招绝活、改善经营管理建议、"五小"成果，深化比学赶超，带动全员创效益、创一流、创和谐。

五、 激励约束机制

以价值创造为核心，突出价值引领、效益导向，建立健全"经营绩效+风险管控责任"考核体系，划小核算单元，以价值量化推动效益化考核，压实价值创造和风险管控责任，把油藏经营的效益观念、价值引领观念、市场观念、资源优化观念全方位覆盖、全层级穿透，引导一切工作都向价值创造聚焦，让每个管理区都成为利润中心，每个班站都成为创效单元，每名员工都能创造价值。

1 对管理区的考核

实行月度阶段累计考核，完成基本目标保基本薪酬，多创效益挣绩效工资。

（1）对管理区"经营绩效+风险管控责任"的考核。①经营绩效考核：对管理区主营业务创效、非主营业务创效、管理费用降低等取得的增效情况进行核算，主要考核利润目标，实行月度阶段累计考核，多创效益部分按一定比例奖励绩效工资，人多就少拿钱，人少就多拿钱。②风险管控责任考核：以油田风险管控责任考核为依据，贯彻落实生产过程风险管控、经营管理风险管控、领导班子建设和领导干部管理风险管控、"三基"工作和基础管理风险管控等4项风险管控责任考核。生产过程风险管控责任与管理区考核挂钩，4项风险管控责任全部与管理区领导班子挂钩考核。③工作水平考核：对"五项劳动竞赛""三基"工作考评、安全"三基"、基层党建考核、创新创效评比等争先创优活动中取得优异成绩的管理区奖励绩效工资，具体考核办法由开发单位制定。

（2）对管理区领导班子的绩效考核。对管理区正职考核与管理区经营班子整体经营结果挂钩，根据考核结果，按照管理区人均绩效的 2~5 倍考核，副职按照正职的一定比例兑现，形成对班子的整体兑现。

2　管理区内部考核

贯彻落实油田"经营绩效 + 风险管控责任"的要求，将风险管控责任考核至岗位。

（1）对管理区副职的考核。在开发单位对管理区领导班子绩效考核的基础上，管理区经营领导班子根据副职分管工作的业务创效和风险管控情况进行考核。

（2）对技术管理室的考核。①业务创效考核：突出投入产出经营创效，重点对老井产量保持、措施效益优化、免修期延长、开发单元（井组）稳升等方面进行增效核算。②风险管控责任考核：主要考核基础管理风险管控责任，包括自然递减率、注水三率、工况合格率等开发管理指标控制和井控管理、技术资料质量管控。

（3）对经营管理室的考核。①业务创效考核：重点对主营业务创效、人力资源优化创效、外闯市场收入创效、管理费用降低等方面进行增效核算。②风险管控责任考核：主要考核经营管理风险管控责任，包括制度建设、流程建设、合同办理、绩效考核、"三基"工作、物资管控等业务风险管控。

（4）对生产指挥中心的考核。①业务创效考核：重点对主营业务创效、管理费用降低等方面进行增效核算。②风险管控责任考核：主要考核生产过程风险管控责任，包括 QHSE 管理、设备管理、应急管理、承包商监管、三标管理等业务风险管控。

（5）对综合管理室的考核。①业务创效考核：以平均绩效为基础，与评先树优、管理费用降低考核挂钩。②风险管控责任考核：主要考核基础管理风险管控责任、干部风险管控责任，包括基层党建、思想政治、宣传、廉洁、信访稳定、综合治理等业务风险管控。

（6）注采站的考核。①业务创效考核：突出主营业务创效、岗位管理优化创效等方面的增效核算。②风险管控责任考核：主要考核生产过程风险管控责任，包括 QHSE 管理、三标管理、井控管理、生产指令等业务执行过程中的风险管控。

（7）对资料化验站的考核。管理区自行制定单件工作量的考核定额，将工作量进行价值量化考核，资料化验站根据工作量自主优化用工。

（8）对班站个人的考核。深化个人绩效考核，对班站个人的绩效考核应当与业务创效、岗位风险管控责任紧密挂钩，将创效多少作为评先树优、个人职业生涯发展的重要依据。

第五节
数字油田建设效果

各开发单位严格按照要求，加强组织领导，积极转变观念，以构建科学高效的油公司管理模式为目标，深化油藏经营管理，建设五项管理机制，依托信息化支撑，创新生产组织形式、经营管理方式，逐步落实油藏经营责任主体，在生产经营、用工管理、队伍建设等方面发生了根本性的变革，达到了生产运行效率提高，人力资源配置优化，油藏经营和市场化意识增强，油气主业价值创造能力提升的预期效果。

一、 实现油藏经营管理模式变革

新型管理区建设，聚焦提高油气主业发展质量和效益的需求，以业务流为基础，具备信息化支撑、平面化管理、效益化考核、专业化架构、市场化运行等基本特征，构建形成了责任明确、精干高效的组织机构，变革了传统管理模式和组织运行方式，实现了生产经营的科学决策、高效运行，取得了良好的经营业绩。

2018 年，在新型管理区建设实践的基础上，深化建设内容，细化方法流程，建立体制机制建设工作标准，先后发布《采油管理区运行管理规范》（QG/SH 1020 0214—2018）、《集输大队运行管理规范》（QG/SH 1020 0215—2018）、《注聚大队运行管理规范》（QG/SH 1020 0216—2018）、《注汽大队运行管理规范》（QG/SH 1020 0217—2018）等信息化支撑下新的生产运行管理规范 4 项，编制《抽油机井远程开、停操作规程》（QG/SH 1020 2662—2018）及 33 项标准化操作规程，有利于指导管理区体制机制进一步规范化、统一化。

二、 提升主营业务劳动用工水平

已通过阶段验收的 84 个新型管理区，四化建设总投资约 14 亿元。管理区主业用工优化 9042 人，优化幅度 34.96%；劳动生产率从 554t/（人·年）提高到 876t/（人·年），提高 58.12%，且劳动强度大幅降低；单井用工从 0.72 人/井下降到 0.47 人/井，下降 0.25 人/井。管理区班站数量设置平均在 7~8 个左右，规模控制在 20 人左右，班站内部不再分组，管理幅度与管理水平相适宜。

共有 305 座注水泵站完成四化改造，总投资约 7360 万元。其中 119 座注水泵站（包括 5 座离心泵站、114 座柱塞泵站）改变了传统运行模式，采取与其他泵站联合巡检的方式运行，实现了无固定人员值守。注水泵站人员由 2274 人减少至 1495 人，优化用工 779 人，优化幅度 34.26%。

典型案例：胜利采油厂管理四区注水泵站实现无固定人员值守。该管理区共有 2 座注水站，胜七注水站（离心泵站）、S229 注水站（柱塞泵站）。在四化建设完成后，管理区系统梳理设备设施、管网流程的问题点，制定相应情况下运行管理办法，积极开展 PCS 系统注水泵站四化功能的试运行，使三室一中心全面管控生产运行情况，变固定值班倒休为无固定人员值守，彻底转变了注水泵站生产组织运行模式。取得三方面成效：①精干主业力量。通过转变注水泵站运行模式，用工由四化建设前 19 人减至 11 人，使主业用工更加精干。②富余人员创造更多价值。注水泵站 8 人中，外闯员工 4 人，内退、短离 3 人，1 人承揽班站三标业务，让职工"动起来、走出去、退下来"，拓宽在外创收创效空间。③夯实安全质量基础。过去职工驻守注水泵站，每小时需要现场测量、文字记录泵进出口压力、温度、电参、流量等参数，不仅要面对高压管汇，同时要忍受噪音污染。在信息化提升后，注水泵站各项数据直接呈现给生产指挥中心，通过实时采集、远程控制等手段，为泵站高质量安全管控提供有力支撑。

三、 取得显著经济效益

通过信息化技术支撑，打造全面立体感知、一体优化决策、全程数据评价、全程风险管控的智能生产新能力，形成更加高效、优化、超前、精准、精细、效益、安全的运行管理新模式，变革了生产管理方式，促进了信息化与工业化深度融合，用最少的人干最多的活，提高了全员劳动生产率，实现了生产动态分析一体化、资源配置利用一体化、生产经营一体化，促进了生产经营管理运行效率，提升了油气主业价值创造能力。

84个管理区优化的9042人中，除专业化分离1052人外，共减少主业用工7990人。从2018年实际运行情况看，为油田创造直接效益5.2亿元，其中：外闯市场等走出去3908人，年创效合同金额1.56亿元；短期离岗等退下来2581人，人工成本节约额2.32亿元；盘活顶替业务外包用工438人，年节约外包费用0.13亿元；退休等减少1270人、调入等增加207人，年减资1.19亿元（按11.16万元/人计算）。从长远看，每年可节约人工成本10.9亿元[按13.64万元/(人·年)计算]，实现一次投入，年年高回报。

按照综合成果因素合成计算法（MFC），成果年经济效益为2.1亿元。

$$E = S_a - F - (C+I) - H$$

式中　E——多因素合成效益；

S_a——成果的综合效益=16.1亿元；

F——非本成果因素效益=0

C——在单因素价格量中包含的综合性实施费=14亿元

I——在单因素价格量中包含的综合性损失费=0

H——因素之间重复计算的效益=0

$$E = S_a - F - (C+I) - H = 16.1 - 0 - (14+0) - 0 = 2.1（亿元）$$

依托信息化系统深化应用，有力支撑了基层生产运行平稳高效、基础管理精益精细、油藏经营提质提效，在2020年至今整个疫情期间，生产指挥系统有效保障了生产经营各项工作高质量发展。目前油田117个管理区中海洋采油厂四个管理区组织厂内验收，油田准备近期进行专项验收，新春采油管理二区预计2021年底建设完工并验收。

第四章 油气生产信息化运维

第一节
生产信息化运维工作

生产信息化运维工作立足油田基层单位生产信息化"修、改、升"基础性工作，用市场化运行机制提高运维管理水平，通过签订管理区生产信息化运维合同（协议）、承包地面工程改造项目、推广油井动液面在线监测技术、开展科研及成本项目创效等方面工作，全力做好室内运维服务经营创效。2020年全年累计签订合作合同（协议）共74项，承揽项目金额1777.25万元，实现利润201.76万元（预考核数据）。通过对人员、技术、物资等多项资源优化配置和共享共用，建立起"围绕三类指标、培养两种能力、形成一个合力"的生产信息化运维生态圈，着力提升系统运行指标和管理技术指标，降低运维费用指标，培育自主运维能力和深化应用能力，形成局、厂、区一体化生产信息化合力。

（1）培育自主运维能力，形成多方协同合力。承揽了胜采一区等11家管理区现场维修、物料供应等工作，管理区通过指标考评运维质量，实现"多方协同、统筹管理、风险共担、利益共享"，11家管理区签单464.55万元，相比2020年资金测算降低526.11万元，降幅53.11%，同比2019年运维实际支出降低121.64万元，降幅20.75%，有效落实了百日攻坚创效和持续攻坚创效的管理优化压减要求。通过公开竞聘的方式，优选配置岗位人员，组建了一支技术过硬、经验丰富的团队，由服务部统筹调派工作任务，解决了各单位运维力量不均衡的问题。例如，安排胜采一区三名运维人员分别参与了滨南九区现场运维、东辛营二变频控制柜改造和局级运维工单处理等工作。建立了以东辛营二为代表的常规稀油等四类不同油藏类型的标杆运维管理区，通过厘清职责界面，精简工作流程，完善基础资料，进一步规范油田基层单位运维工作。例如，针对现河王岗30余个视频摄像机缺少设备基础信息，导致无法维护的情况，该项目负责人协助管理区进行了现场处置并规范补充了相关基础资料。目前除了登高等特殊作业需要外委之外，大部分工作量均由内部运维人员自主完成，减少了外委工作量和费用支出，11 家管理区平均自主运维比例由 2019 年的 70%提高至 85%，其中胜采一区现场运维实现零外委。依托油气生产信息化运维管理平台，提供系统应用咨询和技术支持，及时解决各单位提报的疑难问题，今年共办理厂区层面无法解决的信息系统运维工单 7634 条。与物资供应部门结合，畅通服务部采购渠道，确保物料及时配送，到货周期由原来平均 95 天下降至 23 天，解决前期物到货周期长、估算难度大等问题。组织技术团队，开展现场设备设施和软件系统改造提升，提升运维生态圈品牌优势。例如，实施了现河王岗单拉井电动阀改造、孤东厂 PCS 系统采出液一体化集输功能提升等工程。组织开展了系统指标培训指导工作，协助管理区分岗位落实指标管理责任，查摆分析问题原因，11 家管理区指标在油田排名平均进步 43 名次，其中胜采一区和纯梁纯东 2020 年油田指标排名始终保持在前 10 名。

（2）培育深化应用能力，形成携手并进合力。按照"规范应用补短板、深化应用增效益、创新应用促发展"思路，深入探索新型采油管理区生产信息化条件下的融合应用管理模式，突出价值引领、效益导向，着力发挥生产信息化在提高生产运行效率、提高经营管理水平、提升过程管控能力和提升绿企建设水平中的支撑作用。进一步推进"两体系一汇编"活动成果应用落地，各单位信息化管理部门通过专题会议形式，组织学习成果内容，中心安排人员参会指导。同时，安排基层技术人员作为兼职讲师，在今年生产信息化业务培训中，讲授本单位特色成果和应用案例。组织开展了深化应用示范创建活动，一季度确立了由"规范应用向深化应用转变、为创新创效应用夯实基础"的工作思路，进一步激发基层单位全员深化系统应用和挖掘数据价值的积极性、主动性，组织胜采一区等 8 家管理区，分别承担了油井躺井管理等课题研究任务。例如，胜采一区通过分析影响时率时效的作业维护等 8 类因素，提出了"依托系统数据优化生产参数，避免杆断躺井工况问题"等 7 项措施，并利用 PCS 时率时效模块，统计分析多轮次停井原因，有效提升了时率时效。在今年疫情期间控制返岗人员数量 30%的要求下，信息化在支撑生产运行管理方面效果显著，不断优化完善以生产指挥中心为中心，各专业组室、专业化班站一体化联动的生产运行工作模式。例如，胜采四区优化了岗位职责 37 项，建立了以信息化平台为中枢、多专业单位协同运行的生产运行、能耗管理、风险防控等全过程综合管控机制，确保生产经营活动高效运行。利用 PCS 系统，深化单元目标管理，开展单井单元调整、地面系统升级改造等方案的地质、工艺、地面一体化分析决策优化，实现技术决策效益最大化。例如，现河以分因素控自然递减为主线，将自然递减率与油井时率、躺井率等指标关联，找出阶段性工作薄弱环节，将智能预警融入存量业务管理中，实现各项技术指标稳中有升。开展了生产信息化效益分析，根据注水实时数据，关联分析注水泵组、干线等节点压力和流量，实时调配注水量，大幅提高调配及时性，相比以往根据注水公报数据进行调配的时间提前 1~6 个月，避免供液不足情况，有效提高井组稳升率，降低自然递减率；利用系统电参数据，分析查找影响平衡度原因，合理制定调平衡方案，实现油井节能降耗；鲁明济北利用注水自动化控制系统，对 2 个注水站和 130口水井进行恒压注水联锁设置，基本解决了该管理区注水井出沙问题，防砂措施工作量较去年下降 80%，取得直接经济效益 500 万元左右。系统实时数据为开发人员开通了"天眼"，相比传统模式，信息化所带来的直接效益和间接效益效果显著，今年 8 家示范管理区的平均泵效由 62.9%上升到 64.3%，机采系统效率由31.8%上升到 32.8%，检泵周期由 1046 天延长至 1152 天，平衡合格率由 70.7%升至 77.9%，油井时率由 97.4%升至 98.5%，经 8 家管理区统计，2020 年信息化贡献创造直接经济效益 2800 余万元，间接效益 2000 余万元。

第二节
生产信息化提升工作

规范各单位实时数据存储及应用管理工作，保障云端 PCS 系统的平稳运行，确保 PCS 应用进总部工作成效，加强了 SCADA、PCS 以及云端 PCS 实时数据库的数据交互管理工作，自动采集数据统一就近接入管理区或集输 SCADA 系统，并按标准规范转储至 PCS 系统，明确了管理区及站控实时数据保存时间及安全备份要求。同时，配套建立了 PCS 系统实时数据库接口使用申请流程，明确了 SCADA 系统只能为 PCS 系统提供数据转储服务。

生产信息化项目管理方面。截至 2019 年 12 月底，油田批复的 31 个生产信息化完善提升项目，尚余 13 个项目未完成建设。2020 年 6 月起，生产信息化室全面接管剩余项目建设的运行监督和技术指导工作，截至目前剩余项目已全部完成现场建设，其中 9 个项目已通过油田验收，剩余 4 个项目待各单位内部验收后，由中心组织专项验收。按照"五化"工作部署，梳理大地面标准化工作思路，对控制阀门选型、PLC 控制柜标准、布线编码标准、PLC 编程、撬装设备通信技术要求等相关内容进行前期准备。针对各单位油水井、站库信息化应用在优化性改造和改进性提升方面的需求，借助油田"加大自营，先内后外"的市场准入政策，通过油田外委项目管理平台承包了站库电动执行机构配套、地磅自动抬杆应用提升、老旧控制柜改造等 23 项地面工程项目。

一、PCS 四级贯通建设

优化完善云端 PCS 系统架构体系，已实现三级贯通应用模式，完成 13 家开发单位共 102 个管理区的单轨切换运行，东胜、新春尚在双轨测试中。按照 PCS 进总部建设的数据进总部、视频进总部、功能进总部工作要求，采用胜利三级贯通技术体系，牵头组织推进 PCS 总部应用建设，截至 2020 年 12 月 25 日，整体工作量完成 95%。

二、 系统数据应用提升

针对管理区 SCADA 系统实时数据计算能力不足、缺乏数据智能分析现状，提升边缘存储和计算能力，目前已完成边缘计算中台设计和东胜信远现场测试，实时数据存储能力提升 5~10 倍，并在 2020 年中国智慧石油和化工论坛进行成果发布，受到业内同行的重点关注，为下步"工业控制大脑"建设提供了前期技术验证。针对油井工况人工诊断工作量大、智能分析手段缺乏等问题，在现河厂开展了油井工况智能诊断方法研究和测试，对常见的 5 大类 30 小类异常工况，判断精度达到 92%，相对传统功图特征识别诊断方法，准确率提高 20% 以上。针对生产指标之间缺乏多维度、多属性、多因素关联分析的情况，完成多因素关联性分析和技术预研，为下步生产实时数据与采油生产指标融合应用奠定了基础。协同工程技术管理中心，发布抽油杆超应力等 3 项预警模型，在预防抽油杆疲劳断、井筒结蜡造成躺井和地面管线泄漏监控方面成效显著，通过在 62 个管理区的 8500 余口油井定制应用，减少杆断、蜡卡躺井约 30 余次，节约作业成本 200 万元以上。与设备管理部结合，编制了《油田重要设备全生命周期管理信息化试点建设方案》，启动了以油田设备管理数字化转型为目标的全生命周期试点建设，目前已完成设备运行监督管理功能详细方案设计。注水泵设备预测性维护研究工作中，收集了 7 家单位近三年来 1100 多个注水泵故障样本，建立了 5 类故障诊断模型，通过现河厂试点，柱塞式注水泵停泵诊断有效率达 70%，有效支撑了柱塞泵站无固定人员值守模式的建立。

三、 技术攻关研究

在 78 个管理区 1.6 万余口油井部署应用油井动液面自动计算软件，现场准确率达 85%，并获得油田科技进步三等奖。直流母线微电网融合太阳能节能技术已在鲁明莱 87、东辛营二进行试点应用，综合节电率达 30% 以上。油气生产物联网融合 LPWAN 技术配套约 1800 台仪表，能耗降低 50%，资费降低 80%。多视角摄像三维建模技术将工控数据、监控视频与虚拟模型关联，实现巡检、设备、运行的一体化管理，目前已在青南管理区进行试点，并荣获 2020 年中国石油和化工行业智能转型创新成果一等奖。构建了抽油机远程刹车装置、曲柄销子传感器和新型油井控制柜新产品研发、采购、试用、推广模式，在东辛营二打造了新产品示范井场，并与物资供应处、经营管理部结合，建立了具有油田自主产权的内部供应模式，相比外部采购产品，平均质保期延长 6 个月。按照油田云平台支撑环境运行模式，设计了油田人工智能技术应用支撑体系框架，编制完成《油田人工智能技术应用支撑体系调研报告》，提出了 2021 年三项关键技术科研攻关方向，其中《基于专家知识的油气生产运行预警模型建设与推广应用》成果获得油田科技进步三等奖。承担了"油藏井筒一体化智能诊断方法研究"和"胜利油田地面生产智能化决策系统研发"等两项中石化科研课题研究工作，编制了"油藏–井筒–地面一体化智能诊断技术研究"和"基于知识图谱的采油生产智能预警模型研究"等两项课题立项申报材料，在总部 2021 年科研需求对接会上得到了初步认可，为明年立项研究奠定了基础。开展了《基于知识计算的油井措施时机智能优化技术研究》油田科研项目研究，依托知识计算、大数据算法、专业算法模型和数据分析手段，将数据资源价值转为油田开发效益价值，实现降本增效。

2020 年生产信息化室在探索"管理+应用+服务"运行模式的过程中，历经了酸甜苦辣，也取得了一定的成效，更重要的是总结出四个方面经验：①要不断开展技术研究和应用实践，打造生产信息化服务和产品品牌；②要持续加强生产业务学习，吃透油田各级用户在系统应用中的难点和问题；③需面对面与服务对象交流，发现和引导服务对象提出需求和痛点；④要加强与基层单位的沟通交流，挖掘后期运维创效新项目。

第五章 油气生产信息化实践成果应用案例

油气生产信息化应用成果概况

油气生产信息化建设及 PCS 推广应用，实现了油气生产动态实时感知、油气生产全流程监控、运行指挥精准高效，全面提高了油气生产管理水平，促进油田管理效率和经济效益的提升，为"扁平化架构、科学化决策、市场化运行、专业化管理、社会化服务、效益化考核、信息化提升"新型管理模式创造了条件，有力支撑了油公司体制机制建设和数字化转型。

一、 支撑生产组织模式的变革

油气生产信息化是现阶段油田企业创新发展的新动能，是新的生产力，解构与重构了生产方式、管理方式、经营方式，重新定义生产关系与劳动组织形式，建立起全新的企业两化融合工业生态，促进油气生产管理能力的提升，支撑油公司体制机制建设，实现用最少的人管最大的油田，还要管的更好。图 5-1 为油气生产信息化支撑改革发展。

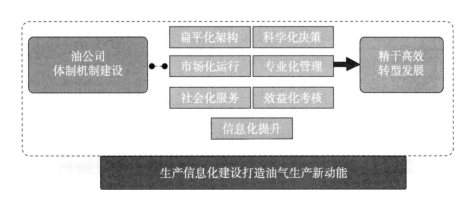

图 5-1　油气生产信息化支撑改革发展

胜利油田基本完成"十三五"油公司体制机制建设目标，油气生产信息化系统支撑了生产指挥中心、技术管理室的核心业务，通过油气生产"人、机、网"联动，把一线员工从简单重复的劳动中解放出来，拓展了老油田人力资源优化的渠道，支撑压扁管理层级、优化劳动用工。维修、注汽、监测、运输、后勤服务等业务完成专业化重组，以油藏经营为核心的新型采油管理区基本建成，形成"三室一中心"+专业化采油班站的新型生产组织模式，基层班站人员岗位配置的"两增三减五优化"，到2020年年底，外闯市场2.2万人，创效11.1亿元。劳动生产率提高347t/（人·年），年劳动生产率总体提高58%。

二、 支撑生产运行方式的变革

随着油气生产信息化系统的全面推广，油气生产运行方式由传统的人海战术向"中心值守+应急处置"模式转变，数字化条件下制度流程体系基本建成，支撑制度优化和生产运行流程信息化再造，生产信息化提供了数据实时采集、异常报警预警、远程自动控制、流程线上运行、单兵精准指挥等高效的运行手段，支撑生产指挥中心现场问题全掌握，指挥运行更高效。通过岗位标准化功能的普及和移动应用建设，推进了生产运行方式的变革。

胜利油田建立与信息化环境相适应的制度体系和流程体系，助推油公司体制机制改革进程。依托生产指挥中心，全面推广模型化预警、实时工况诊断、电子巡检、单兵指挥、生产报警闭环管理、远程操控等功能，明确相关管理要求和操作规范，变人工发现问题为系统诊断报警、报警联动处置，变现场操控为远程控制。积极构建与维修、监测等专业化队伍工单化运行新模式，提高协同运行能力，以指挥中心为枢纽的生产运行管控方式基本建成，流程节点进一步优化，运行效率提升95%以上(图5-2)。

三、 支撑传统经济的变革

生产力决定生产关系，生产关系需要适应生产力的发展并反作用于生产力；生产关系的总和构成经济基础，经济基础决定上层建筑，上层建筑反作用于是经

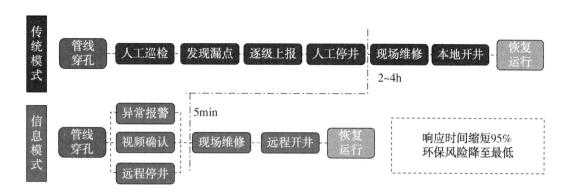

图 5-2　提高事件响应速度

济基础(图 5-3)。油公司体制机制建设的过程就是要解决生产力与生产关系的矛盾，经济基础与上层建筑的矛盾。

图 5-3　支撑传统经济变革

四、　提高绿企创建的保障能力

以生产指挥中心为枢纽，依托实时数据和视频影像，构建覆盖千里油区生产全过程的电子化、可视化安全生产监控体系，加快推进信息技术与安全生产深度融合，实现关键生产设施全天候监视、风险隐患闭环管控、重点施工环节全过程监管、重点污染源实时监测、危化品运输全程跟踪、突发应急事件协同处置，极大提高了安全环保督查工作的效率，确保生产安全、环保运行。利用生产运行智能诊断和系统效率优化技术，实现生产能流可视化管控(图 5-4)、凸显用能潜力点、提效点，助力生产系统能效优化，促进油气生产绿色低碳运行。

胜利油田十三五期间，安全环保指标保持良好，社会治安事件大幅减少，生产现场抢维修效率提高 40%，管线维修成本下降 26%；抽油机平衡率提高 6%，机采系统效率由 30.3% 提升到 32.5%，吨液耗电下降 0.04(kW·h)/t。

图 5-4　生产能流可视化管控

五、提升智能开采能力

通过生产信息化建设，深入挖掘实时数据价值，探索大数据及人工智能等技术的应用，实现生产动态精细管控、工作措施精准调控、现场问题精确预警防控，为油田精细挖潜、提质增效措施提供了智能化支撑手段，油藏经营工作逐步从精细化管理向精益化管理转变，开发技术指标大幅度提升。胜利油田十三五以来，在生产信息化的有力支撑下，自然递减率降至 9% 以内，躺井率下降 1.0%，检泵周期延长 325 天，维护作业频次下降 0.1 次/年，油井时率提升 0.4%，油井泵效平均提升 1.2%，提高液量 11000m³/天，等效于增开 200 口油井。

案例一

基于胜利油田生产实时数据的工业大脑研究与实践

物联网是指通过信息传感设备，按照约定协议，把任何物品与互联网连接起来，进行信息交换和通信，以实现智能识别、定位、跟踪、监控和管理的一种网络，它是在互联网基础上延伸和扩展的网络。1998 年美国麻省理工学院创造性地提出了当时被称作 EPC 系统的"物联网"的构想。2005 年 11 月 17 日，在突尼斯举行的信息社会世界峰会（WSIS）上，国际电信联盟（ITU）发布了《ITU 互联网报告2005：物联网》，正式提出了物联网的概念。近年来物联网技术飞速发展，已经形成与工业生产深度融合的局面。

在油田多年的勘探开发历程中，积累的数据量从几十 MB 增至上百 TB，并且仍然保持着几何级数式的增长，油田在信息化实施过程中在不断地改善存储环境及方式，在当今国际油价持续下跌的严峻形势下，如何发现数据隐藏的价值，提高数据利用率，真正做到用数据指导油田生产，实现降本增效成为目前新疆油田亟待解决的问题．研究并利用大数据分析技术挖掘油田数据价值，实现开源节流创新创效，是当前国际油田发展的趋势，也是国内油田的需要。

一、 建设与应用背景

1 建设背景

截至 2019 年底，胜利油田油气生产信息化建设基本实现全面覆盖，实现35000 余口油水井、540 多座站库的生产数据采集实时化和部分设备过程控制的自动化，建成生产现场视频监控 17000 路，生产指挥中心 125 座。胜利油田工业控制系统中自动化采集控制设备有 28 万台(块)，数据传输设备有 13 万台(套)，总计 41 万台。实现了工控前端参数的实时采集，改变了传统人工采集模式，通过转储方式打通了工控网与办公网之间的数据链路，采用针对性的数据建模方式实现了报警、预警的自动推送，推进了分析模式、评价方式、工作方法的改变，实现了对生产前端全过程数字化、可视化、远程化管控，提升了对管理区的一体化联动、精细化管理、精准化管控能力，推动了信息化与工业化融合，在降低建设投入、控制操作成本、提高劳动生产率、改善油藏经营效果等方面见到了明显成效。

胜利油田目前工业控制体系已实现 RTU 在前端单井、设备层面的自控调节、人工控制调节等能力，而近年来随着对数据及业务模型的深入挖掘及尝试，像油水井联合调整，多设备联调联方向的自动化控制条件也逐步成熟。

2 面临的问题

生产信息化建设为胜利油田在企业管理和生产经营方面带来了巨大效益，生产管理对生产信息化系统的依赖程度越来越高，而主要依赖的实时数据有着采集点众多，综合数据体量庞大，如何长期有效地保存数据、高效地使用数据，如何进行实时数据深化应用实现多设备联调联控，实时数据科研及仿真成为新时期急需解决的问题。具体表现在以下几个方面：

(1) 实时数据存储及使用方面的需求

① 油田实时数据过多的存储点

从前端 RTU 到 SCADA，SCADA 转储到关系库，进行分析时再转储到分析库，存储经历的点比较多，且实时数据使用关系库作为主存储，无法使数据长久在线，性能不能达到预定目标。

② 油田实时数据传输时效性

过多的存储点使得整个传输使用的链条较长，从而导致实时数据时效性变差，同时占用网络资源多，继而会出现报警延迟。

(2) 多设备联控联调方面的需求

多设备联控联调需要对调控目标进行多设备建模，虽然现在有一些模型实现了多参数建模，但众多模型在不间断运行过程中因数据供给能力不足、算法优化不到位表现出来的算力不足问题延缓了对计算要求较高的联控联调的实施，另外，数据采集、传输、分析、决策等过程完成之后的下行控制，控制参数数据也需要有相关的数据资源库支持，来辅助决策后的自动控制。

（3）实时数据科研方面的需求

从油田信息化建设向智能化建设迈进的过程中，越来越多的降本增效等专业方向上的科研及推广带动经济效益提升，而目前的数据架构中提取久远的数据非常困难，需要通过新型软件设施来支持。

因此，胜利油田生产实时数据的工业大脑研究及实践，以提升实时数据的存储能及计算能力，实时数据深化应用为目的，对工控网和办公网数据架构、应用架构的演进，对实时数据使用流程进行梳理和优化，通过实施适合油田业务的边缘计算中台提升系统在数据存储、检索、计算方面的能力及效率，降低资源占用，低碳节能，提高系统的安全管控能力及可延展性，促进采集、存储、应用、管理链条全方位提升，为油田智能化建设提供参考依据，并为边缘计算、大数据分析、人工智能等领域提供基础设施支持，具有长远的战略布局意义。

基于上述新的数据基础设施实现易于定义的业务模型工具及高效的模型运算执行系统作为工业控制的数据决策及自动执行，从而实现生产运行数字孪生方案的落地，对进一步探索智能油田方向的应用实现有较大价值。

二、 建设与应用

1　建设情况

（1）建设目标和范围

胜利油田按照制定的统一技术方案，通过优化数据架构，以新型实时数据库为基础实现边缘计算中台，利用可靠传输和大数据建模计算等技术，将油田陆上114个管理区，35000余口油水井，540个站库的工控设备采集的数据由 SCADA 系统转储给边缘计算中台，实现41万台设备的在线数据管理，并可在边缘计算中台进行数据导航、分析展示、建模计算等功能，实现以数据为基础，模型为主体，计算为导向，控制为目的的生产运行数字孪生系统。

（2）技术路线

胜利油田按照构建生态物联网的理念，从初期对设备和系统进行了顶层设计，针对数据存储及使用、联调联控、科研及仿真等方面的需求，统一规划，研发了边缘计算中台，依托设备物联技术、SCADA系统、PCS应用，综合实现"云、边、端"协同，提升边缘分析应用的深度和优化效果，如图5-5所示。

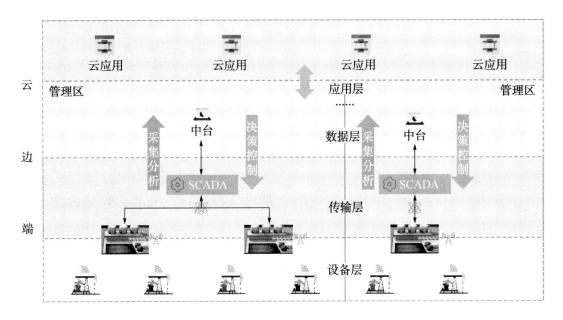

图5-5　胜利油田生产实时数据工业控制大脑技术系统架构

（3）主要应用技术

① 新型实时数据库技术

a. 专用实时数据索引

针对实时数据的高频次、时间连续性(定长间隔)、采集点众多等特性，实现专用的实施数据索引，相比使用关系型数据索引在处理实时数据时性能更好，支持的数据量更大。

b. 分区分块连续存储

配合实时数据索引，通过按时间段分区，按指标分块的方式，使同一指标数据按时间有序方式进行连续存储，在范围检索时可以将连续的数据一次性取出，减少 IO 操作，从而性能在实时数据读取上远远高于关系型数据库。

　　② 边缘计算中台服务技术

　　通过建立边缘计算中台对实时数据库中的数据进行数据治理、可视化展示、分析研究等，并以数据 API 即服务的形式提供出去，如图 5-6 所示。

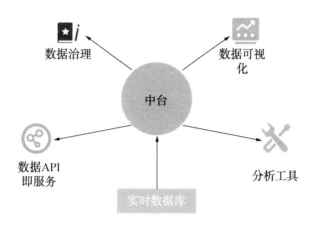

图 5-6　边缘计算中台服务技术

　　实时数据在采集的过程中会面临设备故障、网络终端等很多情况导致的"假、哑、空"数据，这时从存储源头上进行数据治理及考核可以在最早的阶段对数据进行治理清洗，如图 5-7 所示。

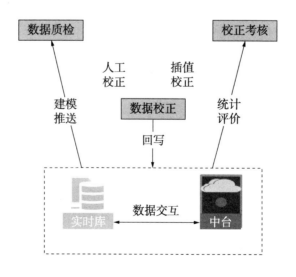

图 5-7　边缘计算中台数据治理

③ 业务模型计算技术

通过对目标设备及可影响目标设备的其他设备的参数集按阈值、趋势等算法，依靠经验公式形成权重控制，以目标分值评价为手段进行统一建模，进行实时的监控与诊断，分析可能出现的各种问题，进而可以在异常事件初期及时发现生产中的异常情况，以此来进行预警，提前采取预防措施，从而实现油田产量的稳产高产。利用区域级数据中台仓库的存力和算力对模型进行不间断的剖析运算，生成报警、预警指导。业务模型计算如图 5-8 所示。

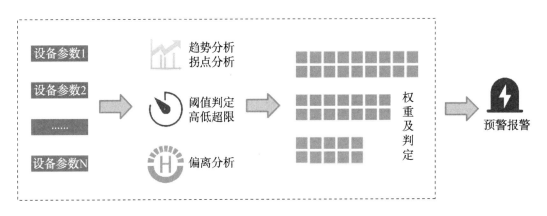

图 5-8　业务模型计算

④ 智能化报警处置技术

建立健全生产运行预警、报警处置参考数据库，将预警报警结果分类为自动化执行、半自动化执行，人工执行等种类，按预警报警结果进行匹配，匹配成功的按照相关流程处理，如图 5-9 所示。

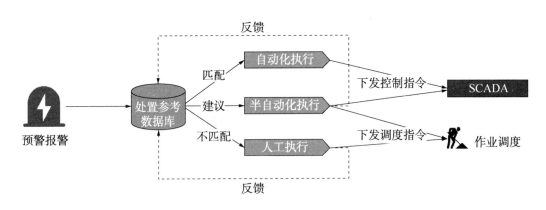

图 5-9　智能化报警处置

自动化执行，匹配处置方式，自动下发指令。

半自动化执行，形成处置参考转人工核验并执行。

人工执行及无法匹配的直接分配到人。

⑤ 工业大脑实践应用

通过总体架构设计中的层次，按设备层生产数据-->传输层传输采集数据-->数据层存储计算数据-->业务层应用数据-->下发控制指令-->传输到设备执行这一整个闭环实现自动侦测、采集、转储、应用、决策、调节的往复循环过程即实现了该业务方向的数字孪生，如图 5-10 所示。

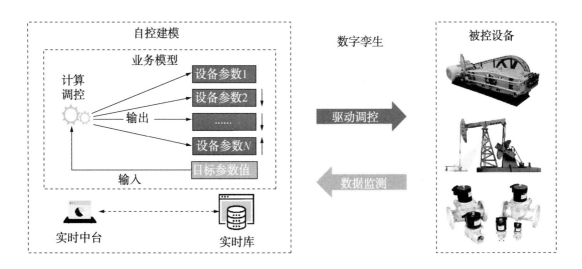

图 5-10 工业大脑助力数字孪生

a. 供排关系调整

通过实时数据中台连续跟踪油井实时工况，计算抽油机平衡度，根据设定的目标产能，调整电机供电频率，自动控制冲次。在给定的抽油机平衡度范围内限制电机供电频率，保证一定的平衡度，降低供液不足风险，如图 5-11 所示。

b. 油井间开制度自动生成及执行

通过实时数据中台连续跟踪液面和功图变化，分析计算关井时液面恢复时间和开井生产时间确定间开周期，根据已确定好的间开周期自动控制油井开井及停井，如图 5-12 所示。

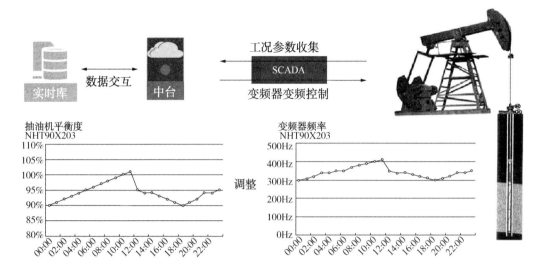

图 5-11　供排关系调整

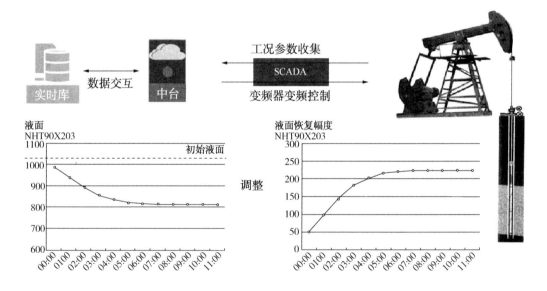

图 5-12　油井间开制度自动生成及执行

2　应用情况

（1）应用实现的指标

胜利油田通过工业大脑的研究与实践，利用高效的数据流和算力支撑，通过物联技术对油田工业控制系统设备设施进行动态调控，实现了预定指标，取得良好效果，如表5-1所示。

表 5-1　胜利油田工业大脑研究与实践实现指标

指标名称	预设指标	完成情况	指标算法
数据齐全率	≥99.5%	99.9%	实际转储数据数量/应转储数据数量×100%
数据准确率	≥99.0%	99.6%	转储准确数据数量/转储数据总数量×100%
存储能力提升	≥15	20	当前支撑数据存储量/以往支撑数据存储量
计算能力提升	≥1	1.5	当前算法执行速度/以往算法执行速度

（2）应用效果

胜利油田在生产信息化建设的同时，不断探索基于生产实时数据的工业大脑实现技术，目前，工业大脑技术正式进入应用阶段。

① 工业大脑技术支撑了生产信息化系统高效运行

a. 实现了实时数据的海量存储及高效计算分析；

b. 实现了实时数据治理、数据 API 即服务。

② 工业大脑技术实现了工控设备的联控联调

a. 实现了基于业务的报警、预警建模，自动告警及智能处置；

b. 形成告警处置模型库，调控处置指导数据库；

c. 自动化、半自动化工业控制的执行及反馈。

三、成果介绍

1 主要成果

（1）技术成果

研发了边缘计算中台，对实时数据进行管理和治理，实现了实时数据可视化工具，分析工具等，并提供了数据 API 即服务的集成模式，通过边缘计算中台可以进行报警、预警业务建模及自动执行，实现了连续报警、未处理的短期间隔报警合并，减少误报漏报，通过可视化工具和分析工具帮助业务人员进行数据挖掘，实时数据长期在线，全方位支持生产应用进行第三方融合，如图 5-13 所示。

实时库管理：管理实时库的表、度量、指标元数据。

实时数据集成：打通与实时库的数据链路，包括数据传输、模型信息下达，

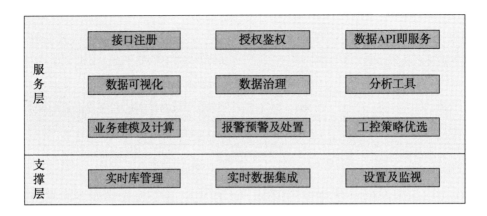

图 5-13　胜利油田边缘计算中台功能架构图

任务执行控制，计算结果解释等，是服务层和数据层之间的桥梁。

设置及监视：监视实时库服务器工况，负责空值、超限值等数据治理上的任务定制及结果接收。

业务建模及计算：实现计算算法与业务建模工具。

报警预警及处置：报警预警的合并及处置(人工、半自动、自动)。

工控策略优选：帮助半自动和自动处置时确定优选的控制策略。

数据可视化：数据地图、指标曲线，对比曲线等。

数据治理：数据治理模型的定义，人工治理窗口，自动治理算法。

分析工具：自定义看板，多指标集成展示，拟合趋势线等。

接口注册、接口鉴权、数据 API 即服务：构成数据 API 资源的定义、权限控制及访问方法。

（2）应用成果

① 设备数据上中台

胜利油田边缘计算中台截至目前已接入设备采集点数 5.8 万点，逐步实现全油田 41 万设备的数据接入，通过边缘计算中台的应用，实现数据存储与分析计算，数据治理与服务、建模及运行、报警预警及处置、参数优选及控制等方面的功能。

运行中以数据流为导向、生产业务为主线、实现生产运行数字孪生为为重点，保障系统稳定可靠，生产数据齐全、准确及时，安全高效。

② 边缘计算中台助力工业大脑研究与实践

在基于生产实时数据的工业大脑研究与实践过程中，报警预警是前提，报警预警的不间断计算过程是工业大脑不断思考的过程，通过报警预警事件触发优选控制参数是思考的结果，下发控制指令是思考之后的执行；

边缘计算中台作为基础设施具备了工业大脑思考执行的全流程支持能力，缩短了1~2个报警周期延时，从无到有实现了控制参数优选及自动执行，将人工处置时大量积压的可自动处置的任务处置时间从1h缩短到5min内，在夜间自动处置则具备更大的优势，处置效率得到明显提升。

2 效益分析

（1）经济效益

① 降低工业控制系统硬件需求及能耗30%以上，如表5-2所示。

表5-2 胜利油田工业大脑研究与实践减少硬件投资

2019 管理区资源消耗	2020 管理区资源消耗	节省资源
1 台 SCADA	1 台 SCADA	
1 台 Oracle	1 台 Oracle	
1 台应用服务器		50%
2 台转储接收服务器	1 台接收存储计算服务器	
1 台模型存储计算服务器		

② 减少报警延迟1~2个采集周期，如表5-3所示，预计提升预报警准确率2%以上。

表5-3 胜利油田工业大脑研究与实践减少报警延时

2019 转储链路 4 个	2020 转储链路 2 个	减少采集周期
SCADA	1 台 SCADA	
Oracle		
转储接收服务器	接收存储计算服务器	2 个
模型存储计算服务器		

③ 由于计算下沉到工控网，大大减少了跨网闸通信，预计提升网络通信效率5%以上。

④ 通过应用集成，大大缩减应用在网闸安全策略配置工作，预计达40%以上。

⑤ 如果在管理区层面完成后可向上延伸到厂级预计节省网闸投资60%以上。

（2）管理效益与社会效益

① 提升了自控管理水平、应用水平，减轻了现场人员劳动强度。

② 促进油田信息化向统一标准，统一服务，统一运维，统一管理的方向转变。

③ 逐步将零散的数据，零散的服务，零散的系统向高度融合的架构方式转变。

④ 推动油田信息化架构升级，逐步形成油田信息化建设的新标准、新规范。

⑤ 提升了油田生产信息化建设技术水平，为油田新型采油管理区建设提供了有效支撑。

经过近年油气生产物联网技术的发展，国内外油气生产企业物联网技术应用表明，油气生产物联技术正在颠覆油气生产企业传统的生产管理模式，开展基于胜利油田生产实时数据的工业大脑的研究及实践是胜利油田积极探索油气生产物联网技术的重要举措，通过不断打造信息化环境下的新型能力，可以为建设实时感知、全面协同、主动管理、整体优化的智能油田提供技术支撑，为油气生产企业提高生产效率和保障企业绿色安全生产提供有力技术手段，为油气生产企业高质量发展奠定坚实基础。

案例二
油田工业控制系统信息安全纵深防御初探

随着我国经济的快速发展，石油、天然气等能源产业在国家经济中的地位愈加显著。近年来国家大力倡导国家能源安全与能源储备，客观上向我国的能源产业提出了更高的要求，同时也提供了更多的发展空间。因此通过数字化远程管理，有效控制生产过程中的关键技术环节，实现远程调度指挥、监管、控制的大规模生产是目前众多大型企业所企盼的。

技术在飞速发展的同时，不可避免的带来了系统安全的各类风险和威胁，在数字油田的构建中，存在着如系统终端平台安全防护弱点、系统配置和软件安全漏洞、工控协议安全问题、私有协议的安全问题、隐藏的后门和未知漏洞、TCP/IP 自身的安全问题、用户权限控制的接入、网络安全边界防护、内部人员非法操作以及密钥管理等各种信息安全风险和漏洞。

数字油田系统一旦遭到破坏或入侵，会直接危害到原油的开采和运输，继而影响到国家能源安全问题，造成直接和或间接的巨大经济损失，更会影响社会的安定团结。

油田自动化利用自动化手段对油水井站、计量间、阀组、联合站（集气站）、原油外输系统、油罐及油田其他分散设施进行自动检测、自动控制，从而实现生产自动化和管理自动化。但是采油现场常常分布在人烟稀少的偏僻地区，交通通信不便，分布地域广泛，现场人员较少，大部分地区处于无人或少人职守状态。一旦现场控制系统发生异常，可能导致发现晚、排查难、影响大等一系列问题。

一、数字油田 OICS 风险分析

1　网络结构分析

油田网络结构庞大，采油厂以下按照管理区划分为多个管理区，管理区与采油厂通过专用光纤进行通信。

现场基本控制单元包括油井、配注站、注水站等不同的单元，包含的主要网络设备和控制设备为 RTU、PLC 系统及摄像头，现场基本控制单元通过无线传输的模式，将数据与汇聚点进行通信，无线汇聚点通过专用光纤将数据上送到管理区生产指挥中心。注水站 PLC 系统通过专用光纤将数据上传到管理区生产指挥中心，管理区生产指挥中心通过光纤将生产数据发送至办公网络。

以三层两网的模型对管理区的网络进行分析。两网是指现场无线网络和光纤网络，三层分别是下层现场控制设备层，中间汇聚层，上层管理层，本文依据网络和层次结构对威胁与脆弱性进行分析。油田管理区网络拓扑图如 5-14 所示。

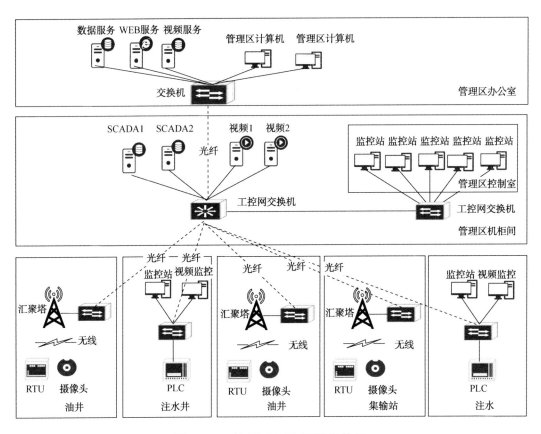

图 5-14　油田 OICS 网络拓扑图

2　整体风险分析

依据网络拓扑图以及网络结构并结合目前已有的技术安全措施，现有的安全隐患包括以下几个方面。

（1）网络设备准入控制隐患

整个油田的网络终端设备部署在野外现场，难以有效地采用门禁等措施来管控整个网络，生产网较容易被外来人员接入其他网络设备，难以对第三方非法接入进行报警和阻断，存在较大安全隐患。

（2）无线通信缺乏认证

现场设备如油井、配注站等以无线方式与汇聚塔通讯，工控数据也通过无线方式与 OICS 服务器通信，缺乏有效的身份认证。

（3）生产网和办公网接口

生产网包含了工控网络与视频网络，数据量庞大，目前未做任何的防护措施，给生产安全带来巨大的风险。

（4）工控网与视频网合用威胁

生产网包含了工控网络与视频网络，工控网与视频网合用，数据量庞大，数据的格式、协议、保密性要求与传输延时要求等均存在巨大差异，业务差别大、安全需求差别也很大。两网使用同一根光纤传输存在较大安全隐患。

（5）缺乏有效的防病毒措施

工程师站、操作站、视频监控站、数据库服务器、数采及视频服务器等都在同一网络中，与上层办公网络等无隔离防护，虽然安装了 360 防病毒软件，但 360 防病毒软件本身只能针对常规的病毒并不适用工控网络，对工控系统的病毒防护存在误杀风险。

（6）针对特定工控系统的攻击

黑客可能利用木马、病毒（如最近的勒索病毒以及针对工控系统的震网病毒）、文件摆渡或其他手段进入工控网络，对工控系统控制器发出恶意指令（如控制器启停指令、修改系统时间、修改工艺参数、对动设备进行启停操作等），导致工控系统宕机停产或出现严重的安全事故。

（7）对网络流量缺乏有效的监控措施

现场生产网络分布位置广泛，设备多（如一个汇聚点连接了几十口油井，每个油井上包含了众多的仪表及设备），网络结构复杂，缺少有效的网络流量监控措施，在危险发生时难以有效发现威胁来源及可能造成的影响，难以有效地对威胁进行快速响应来降低对生产的影响。

（8）未进行分区域隔离

汇聚点之间、注水站之间以及汇聚点与注水站之间只是通过划分 VLAN 来分区，但是 VLAN 方式并不能防范病毒的扩散以及黑客的入侵行为。

（9）漏洞利用风险

事实证明，99%以上攻击都是利用已公布并有修补措施、但用户未修补的漏洞。操作系统和应用漏洞能够直接威胁数据的完整性和机密性，流行蠕虫的传播通常也依赖于严重的安全漏洞，黑客的主动攻击往往离不开对漏洞的利用。

（10）行为抵赖风险

如何有效监控业务系统访问行为和敏感信息传播，准确掌握网络系统的安全状态，及时发现违反安全策略的事件并实时告警、记录，同时进行安全事件定位分析，事后追查取证，满足合规性审计要求，是迫切需要解决的问题。

二、 数字油田 OICS 纵深防御建设

安全建设基本原则是，对于工控安全建设，应当以适度安全为核心，以重点保护为原则，从业务的角度出发，重点保护重要的业务系统，在方案设计中应当遵循以下几项原则。

（1）适度安全

任何系统都不能做到绝对的安全，在进行工控安全等级保护规划中，要在安全需求、安全风险和安全成本之间进行平衡和折中，过多的安全要求必将造成安全成本的迅速增加和运行的复杂性。适度安全也是等级保护建设的初衷，因此在进行等级保护设计的过程中，一方面要严格遵循基本要求，从物理、网络、主机、应用、数据等层面加强防护措施，保障信息系统的机密性、完整性和可用性，另外也要综合成本的角度，针对系统的实际风险，提出对应的保护强度，并按照保护强度进行安全防护系统的设计和建设，从而有效控制成本。

（2）技术管理并重

工控安全问题从来就不是单纯的技术问题，把防范黑客入侵和病毒感染理解为工控安全问题的全部是片面的，仅仅通过部署安全产品很难完全覆盖所有的工

控安全问题，因此必须要把技术措施和管理措施结合起来，更有效地保障信息系统的整体安全性，形成技术和管理两个部分的建设方案。

（3）分区分域建设

对工控系统进行安全保护的有效方法就是分区分域，由于工控系统中各个资产的重要性是不同的，并且访问特点也不尽相同，因此需要把具有相似特点的资产集合起来，进行总体防护，从而可更好地保障安全策略的有效性和一致性；另外分区分域还有助于对网络系统进行集中管理，一旦其中某些安全区域内发生安全事件，可通过严格的边界安全防护限制事件在整网蔓延。

（4）合规性

安全保护体系应当同时考虑与其他标准的符合性，技术部分参考《信息安全技术网络安全等级保护安全设计技术要求》（GB/T 25070—2019）进行设计，管理方面同时参考《信息安全技术网络安全等级保护基本要求》（GB/T 22239—2019）以及IEC 27001 安全管理指南，使建成后的等级保护体系更具有广泛的实用性。

（5）动态调整

工控安全问题不是静态的，它总是随着管理相关的组织策略、组织架构、信息系统和操作流程的改变而改变，因此必须要跟踪信息系统的变化情况，调整安全保护措施。

三、　安全防御方案

1　分层分域构建纵深防御体系

分层分域的目的是通过分层划分不同的系统集合，根据不同系统的特点采取相应的防护手段，例如工控区域的特点是以高可用性为优先原则，而管理区应以机密性为优先原则；分域则是依据最小业务系统的原则避免安全风险的扩散。对于处于生产管理区但需要和OICS实时服务器通讯的功能服务器建议设立工控DMZ区，将这些功能服务器单独部署在工控DMZ区内，分层分域部署如图5-15所示。

在生产管理层与工控DMZ层的边界设置带有入侵检测装置的下一代防火墙，

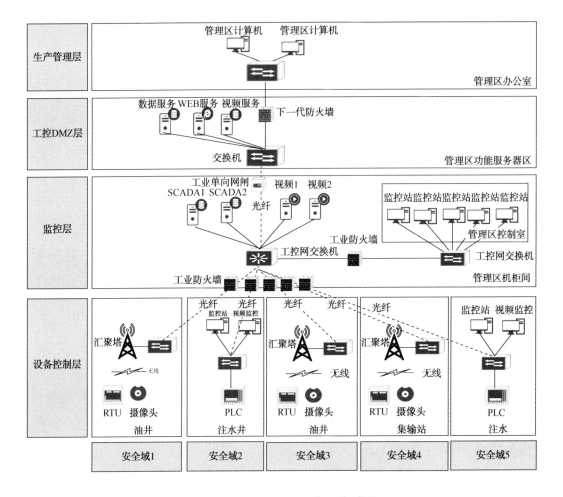

图 5-15 油田 OICS 分层分域图

依据访问控制关系配置访问控制列表（ACL），同时可以对入侵行为进行监测报警。

在工控 DMZ 层与监控层的边界设置工业单向网闸，防止工控 DMZ 层感染的病毒渗透到监控层，由于单向网闸采用 2+1 架构，可以阻断两个网络的实时连接，防止黑客的入侵行为。

在监控层与设备控制层边界依据业务特点划分最小业务单元设置工业防火墙，由于工业防火墙采用白名单机制，可以阻断所有非白名单的流量，同时具备BYPASS 功能，可以用于要求高可用性的工控网络中。监视站与服务器之间也可设置工业防火墙，实现确定性的指令级控制，由于每台监视站的监视范围和控制功能的不同，可以依据控制范围和控制功能设置可监视和控制的位号的白名单，实现精准的控制防止误操作以及人为破坏。

2　确定性的可预测行为监视

油田 OICS 是实时的工业控制系统，按照扫描周期完成数据的采集、数据的模数转换、应用控制策略的执行、数据的数模转换、控制型号的执行，因而网络中的流量的大小、协议的类型、控制的点位等均为确定性的。通过分析工控核心交换机的镜像流量，结合生产业务关系的关联分析，对行为建模预测性判断，并对风险报警。行为监测设备部署如图 5-16 所示。

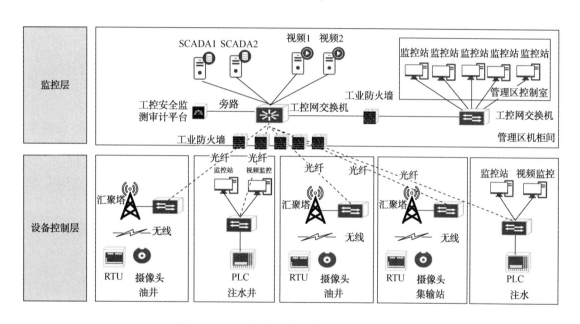

图 5-16　工控安全监测审计设备位置图

主要实现以下功能：

（1）资产数量的确定性，对入侵设备的可预测分析；

（2）资产访问关系的确定性，对异常的访问行为的可预测分析；

（3）流量特征的确定性，对恶意文件、入侵的可预测分析；

（4）业务行为（组态的下载、上传、对设备的操作）的确定性，对入侵检测的可预测分析；

（5）变更计划的确定性，对入侵或工控专有病毒（如：火焰、震网）研判的可预测性分析；

（6）生产运维计划的确定性，对入侵等异常行为的可预测分析。

3　确定性的可预测主机加固

油田 OICS 的操作站、服务器、工程师站由于高可用性的要求无法安装系统补丁及杀毒软件，存在巨大的安全隐患，成为了病毒的中转站，同时也是黑客入侵的主要攻击对象。对于工控的主机防护可以采用基于白名单进程管控的工控主机卫士来实现。

主要实现功能如下：

（1）主机进程的确定性，恶意进程的可预测性防护，结合业务流程阻止非预测的额外进程运行；

（2）主机服务端口的确定性，异常行为的可预测性防护，结合相关程序的日常端口行为阻止非预期端口开放；

（3）主机访问关系的确定性，异常访问的可预测性防护，通过流量画像精准展示异常连接；

（4）主机运维的确定性，异常行为的可预测性发现，结合运维日志发现非预期的主机行为。

4　可视化的安全运营

在数字油田 OICS 中建设了一些安全设备后，会产生众多的事件和日志，为统一管理工业控制的系统设备、安全设备及日志信息，将多个设备日志信息关联分析，需要建设一套工控安全运营中心，此平台与传统管理网的平台不同有如下几点：

（1）该平台应该能够直接收集工业交换机及工控应用系统的信息；

（2）该平台能够分析工控网络中的设备互联状况，包括流量、时间、工控协议等元素建立白名单规则，及时有效发现异常并报警；

（3）该平台的关联分析与传统事件关联分析模型不同；

（4）适应工控网络的特性，工控安全运营中心不再以日志为主要分析手段，而是采用流量行为分析为主、事件分析为辅的技术路线，通过安全监控、风险分析、流量秩序监控三大方面来描述当前的安全状况。

该平台产品是面向工控环境的安全管理解决方案，结合工业控制协议的深度解析工作，实现工业控制环境下流量行为的合规审计，减轻运维人员的维护工作量，让风险及网络行为直观展示，让入侵和病毒无所遁形。

数字油田的 OICS 是油田的大脑，一旦受到破坏其影响不仅限于直观的经济损失，还会直接影响普通民众的日常生活甚至造成人员伤亡，更为严重的是会影响到国家的安全和社会的稳定。国外敌对势力的破坏仍然存在，不法分子的渗透与日俱增，加强油田企业 OICS 的网络安全防护已经势在必行。

油田工业控制系统网络态势感知系统推广与应用

目前信息技术得到了加速发展，出现了各种以支持 LoRa WAN、Modbus 等协议来实现设备监控的软件平台。但这类平台多是面向通用的物联网设备监控和运维，无法有效兼容行业专用设备和系统，另一方面也不能监控通用网络设备。由于电信运营商运维平台、通用 IT 运维平台、通用物联网平台无法监控管理油田工业控制系统的各种专用设备及系统；面对不断增加的设备类型，管理协议难以扩展；难以达到秒级监控的工业级要求。因此需要对满足油田工业控制系统网络运行场景要求的态势感知软件系统加强推广和应用。

一、 油田发展现状及工业控制系统网络态势感知系统需求分析

1 油田现状

目前油田全面推进以"标准化设计、模块化建设、标准化采购、信息化提升"为主要内容的生产信息化建设，为实现全面覆盖，油田生产方式和劳动组织形式应进行根本性的转变。庞大工控系统面临设备数量多、分布广、运行环境差、专业性强的问题，传统运维方式远远不能适应新的运维需求，因此油田应围绕物联技术开展研究，实现工控设备全面感知、全面识别、集中管控。

油田工业控制系统目前网络管理架构中，一方面对于有线、无线等传统通讯类设备具备一定的管理能力，每一套系统独立管理平台，基本互不兼容；其他通信设备及网络状态基本使用 Telnet 等远程访问手段实现管理；对于故障处理，均为故障出现后的检查、排除等流程，在时效性上无法达到数字化时代对于系统持续稳定性的要求；而待物联网的深入建设阶段，大量的传感器的部署，传统的巡

检与维修方式根本无法完成海量的设备维护任务。另一方面，当前的通信网络运营模式主要以人工方式为主，日益庞大的各类系统带来对与人员数量与质量的要求，产业的发展与人员工作量、成本的大幅增加形成了一对相互制约的矛盾。如何在数字化时代通过智能化平台，将人工运维转向系统运维、智慧运维是目前亟待解决的问题。

2 需求分析

生产信息化的高速发展为油田在企业管理和生产经营方面带来了巨大效益，生产管理对应用系统的依赖程度越来越高。作为数据源头的工控设备分布广、数量大，如何实时有效感知油田工业控制系统网络状态，有效保障系统的稳定运行，高效管控工控设备运行状态，成为生产信息化急需解决的问题。

需要研究开发一个面向油田生产运维场景的，兼容各种标准和非标准工业网络设备的，工业级网络态势感知系统。具体需求如下：实现以拓扑视图、设备视图、地图视图、设备面板视图的方式展示网络设备及拓扑关系；实现对油田工业控制系统网络中服务器、数据库、中间件、应用系统、交换机、有线网络、无线网络、CCTV、RTU/PLC、仪器仪表等不同监控目标的运行状态监控和性能监测；通过对网络状态的感知，实现网络运行状态的实时告警，依托故障经验库等进行故障智能分析定位，实现运维管理的快速感知处理；实现对网络运行状态的历史信息进行统计和展示；网络接入安全防护。实现网络非法接入行为的及时发现和告警；在数据采集、存储、分析和并发访问能力四个层面，具备可扩展性，以适应网络规模和数据规模的增长；

二、 油田工业控制系统网络态势感知系统主要研究内容

主要研究内容包含三个方面：对各种设备的管理协议和监控功能研究开发、对平台功能的研究开发、对两级管理架构及数据同步功能的研究开发。

1 对各种设备管理协议和监控功能的研究开发

如何通过基于 PING、SNMP、ONVIF、GB28181、SYSLOG、Telnet、SSH、

MODBUS 等各种协议或已有业务系统数据对接进行数据采集和下发。

被监控设备采用哪种通信协议决定了设备监控管理的深度和复杂度，本项目研究范围涉及油田工业控制系统网络中的各种设备设施，其中包括大量油田专用设备，需对众多通信系统及设备进行详细分析，选择最优开发方式，最终完成不同类设备统一监控管理。

2 对平台功能的研究开发

对平台功能的研究主要从三个方面展开：设备监控角度、运维角度、管理者角度。

设备监控角度：从普遍意义来说，项目要对各类有线网络设备、无线网络设备、服务器、物联网设备、视频监控设备、终端等类型的设备的监控告警及呈现方式进行研究。从平台实际将要面对的管理对象来说，项目要对众多网络及通讯辅助系统的监控方法和呈现方式进行研究。

运维角度：主要研究自动发现算法、拓扑视图、机柜视图、综合视图、网段管理、故障管理、故障经验库管理、资产管理、巡检管理等功能的设计和实现方式。

管理者角度：主要研究统计模型与报表展现、大屏功能，帮助管理者全面把握网络状况和运维状况，为决策提供依据。

三、 油田工业控制系统网络态势感知系统功能

1 设备状态感知功能

有线网络设备监控：有线网络设备管理能自动识别并监控网络接口，丰富的设备详情内容及展示形式，支持 MAC 转发表、ARP 表、路由表、SSH 连接、Telnet 连接、Ping 测试、SNMP 测试、Web 登录、终端拓扑、当日连通性等功能。

无线网络设备监控：无线网络设备管理实现对基站远程连接、信号强度等指

标的监控，丰富的设备详情内容及展示形式，支持 SSH 连接、Telnet 连接、Ping 测试、SNMP 测试、Web 登录、当日连通性等功能。

服务器监控：基于 SNMP 协议和 IPMI 协议实现对服务器电源、风扇、机箱温度、RAID 状态、CPU、内存、磁盘、进程、TCP 连接、UDP 端口、软件安装列表等指标的监控，丰富的设备详情内容及展示形式，支持 SSH 连接、Telnet 连接、Ping 测试、SNMP 测试、Web 登录、当日连通性等功能。

应用监控：基于 SNMP、Telnet 协议实现对进程、端口的监控；基于 SQL 查询方式实现对各类数据库的状态及性能监控；基于 JMX、WMI 协议实现对中间件、应用系统的状态及性能数据监控；支持业务系统的自定义及展示形式自定义。

物联网设备监控：物联网设备管理实现对采用 Modbus 协议、IEC104 协议进行通信的物联网设备的监控，能够配置并监控该设备中 Modbus 协议、IEC104 协议所支持的所有指标。

视频监控设备监控：基于 ONVIF 协议或 GB28181 协议实现对视频监控设备的自动发现，主要功能参数、性能参数的监控，丰富的设备详情内容及展示形式，支持 SSH 连接、Telnet 连接、Ping 测试、SNMP 测试、Web 登录、当日连通性等功能。

2　网络状态感知功能

拓扑视图：该平台支持通过图形化的方式，对设备状态及拓扑关系进行统一展示，也可以按片区、按地域、按层级等多种布局方式划分网络分层展示。拓扑图以不同颜色设备图标展现设备实时状态，用户可以对设备、子网、告警、链路进行交互式管理，极大地降低了 IT 部门的维护难度。

机柜视图：系统支持以"机房""机柜"两层结构来管理设备，支持在系统中添加机房、机柜和设备。

地图视图：网络设备综合智能管理系统支持以遥感地图为背景，通过图形化的方式，对设备状态及拓扑关系进行统一展示，也可以按片区、按地域、按层级等多种布局方式划分网络分层展示。拓扑图以不同颜色设备图标展现设备实时状态，用户可以对设备、子网、告警、链路进行交互式管理，极大地降低了地理跨度大，设备规模大的运维部门的运维难度。

3 分析管理功能

统计分析：支持多项统计功能，从多个角度对被管理设备进行分析，帮助用户全面把握网络状况为决策提供依据。

大屏展示：相比于传统图表与数据仪表盘，大屏展示以用更生动、友好的形式，即时呈现隐藏在瞬息万变且庞杂数据背后的业务洞察。通过实时直观的可视化视屏墙来帮助业务人员发现、诊断业务问题。

四、 推广应用情况

1 取得的成果

基于油田工业控制系统网络态势感知技术的软件系统，有机融合物联网的各种网络设备、服务器及传感设备，统一图形化地实时展示整个系统的网络拓扑结构及所有设备的工作状态。系统主要从三个角度实现了油田工业控制网络状态感知功能：设备状态感知、网络状态感知和分析管理。油田工业控制系统网络态势感知系统结构如图5-17所示。

设备状态感知功能利用各种通信协议、网络管理协议，针对各种网络设备、物联网设备主动采集或被动接收设备状态及性能数据。感知结果通过实时告警、历史数据统计分析、设备面板视图、监控日志等形式展现。

网络状态感知功能通过图形化的方式，从网络拓扑图、机房机柜、GIS地图、实际业务视图、网络安全接入等角度，综合展示整个网络的运行状况，帮助用户实时了解网络状态、直观分析故障原因、快速定位故障源头。

分析管理功能通过对历史数据的报表分析、对历史告警的经验积累和智能推送、对系统总体态势指标的定制化组合，向网络运维人员、管理人员提供友好、美观的交互界面和运维管理功能。

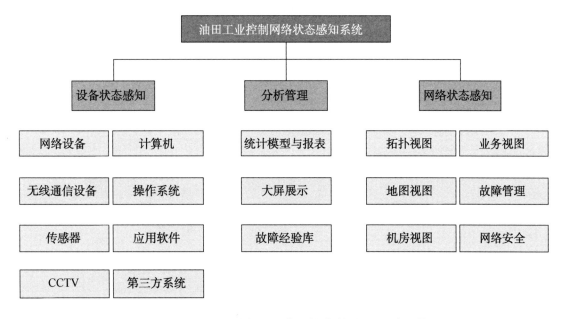

图 5-17　油田工业控制系统网络态势感知系统结构图

2　应用分析

系统实际应用中，从技术组件方面主要由以及五大部分组成：NGINX 负载均衡、Tomcat 应用、dubbo+zookeeper 集群(服务中心)、mysql，消息队列。

系统从业务逻辑方面可分为 6 层：数据展现层、应用层、服务层、数据层、感知层、设备层。其中：

数据展现层展现各种统计数据、告警数据、网络拓扑等。展现层通过 WebService，socket 和应用层的进行通信。

应用层根据需求实现，提供对数据的展现、增加、修改、删除、统计分析展现等功能。定时任务包括：设备资源性能定时存储任务、背景扫描任务、已管理设备 SNMP 扫描任务、已管理设备 PING 扫描任务、数据统计任务、已管理设备采集任务。功能模块包括：首页、性能管理、设备综合统计、故障告警、维修管理、巡检管理、故障经验库管理、系统管理、扩展管理。

服务层根据业务共性抽象出的微服务，包括：邮件服务、ping 服务、短信服务、告警处理服务、通知服务、SNMP 服务、通知消息服务、动作执行服务。

数据层为服务层各个组件提供对数据库操作的标准接口。包含数据库、数据缓存。数据库用来持久化数据，数据缓存用来缓存基础数据，提高查询速感知层通过 ICMP、SNMP、SYSLOG、ONVIF、GB28281、MODBUS、TELNET、SSH 等协议或现有业务系统的数据对接来采集数据。

设备层为系统要监控的具体的物理设备，包括：网络设备、PC 机/服务器、存储设备、视频监控设备、传感器、移动设备等。

案例四
大型油气开采企业智能化系统建设及生产应用

　　油气生产智能化是中国石化实现"建设世界一流能源化工公司"战略目标的重要举措，是变革传统生产组织模式、推进油公司体制机制建设的重要支撑。油气田生产信息化智能管控系统是生产信息化建设的重要内容，是集过程监控、运行指挥、专业分析为一体的综合管理系统。利用物联网、组态控制等信息技术，集成实时采集的生产动态数据、图像数据和相关动静态数据，进行关联分析，实现油气生产全过程的自动监控、远程管控、异常报警，覆盖分公司、采油（气）厂、管理区三个层级。

一、　智能化系统建设内容

　　生产信息化智能管控前身是胜利油田生产指挥系统，是在胜利油田示范区建设过程中不断积累完善形成的，通过管理区机制体制转变以及新产品新技术的融合，逐步形成了一套初具体系的技术解决思路，在系统开发中逐步得以体现和稳固，在示范区应用和后续几个老区改造项目中，充分吸收了生产管理、业务分析等专业人员的建议，结合有关领导专家的要求，历时近两年时间形成了油气田生产信息化智能管控系统。

二、　油气田生产信息化智能管控系统包括三层架构

　　（1）采集层是指在井场、站场通过安装各类传感器，通过 RTU/PLC 实现生产数据采集；

　　（2）平台层是指通过 SCADA 系统实时采集存储生产现场实时数据，并通过分

析处理机制，形成满足需要的统一标准规范的生产数据，并应用 GIS、GPS、视频、组态集成技术，进行二次开发后封装，为应用层提供统一技术支撑；

（3）应用层是指在管理区、采油厂、分公司部署生产指挥系统，满足各级人员的油气生产监测、分析诊断、报警预警管理等需求。

生产指挥三级中心风格一致、上下贯通、层层穿透、功能对应，形成从生产现场到局级指挥中心一体化油气生产监控、运行、指挥、应急应用模式。

案例五

基于 NB-IoT 技术的油气工业控制系统研究

油气工业控制系统按照传统的工业控制系统架构，通过前端的采集仪表、调节器、RTU(PLC)和后端的数据采集与监控系统(SCADA)、应用服务器等构建起油田的油气生产物联网。因为油气生产现场环境复杂，井场基本采用无线仪表进行信号采集，无线仪表采用电池供电，通过 Zigbee、433Mhz 等通信方式，存在功耗高、兼容性差，汇聚后通过网络进行传输，网络建设实施费用高。随着通信技术的进步，LPWAN 低功耗广域网络得到广泛的应用，特别是 NB-IoT(Narrow Band Internet of Things)技术，通过运营商蜂窝网络构建，大大降低的部署成本，可实现平滑升级。

一、总体设计

胜利油田早期无线仪表采用 433Mhz 无线模块进行通讯，无线信号穿透性强，但存在传输速率低、通讯可靠性差、协议无法兼容等问题。生产信息化建设后采用 Zigbee 短距离通信方案，通讯的稳定性较高，采用标准化 Zigbee 模块一定程度上避免了 Zigbee 版本碎片化的影响，但 Zigbee 在国内应用基于 2.4GHz 频率，存在信号传输受遮挡物影响等问题，功耗高的问题依然没有解决。并且 Zigbee、433Mhz 为仪表与终端间通信协议，上行需要配套光纤、无线网桥、4G 网络等基础网络设置，才能完成信号传输，信息化建设投入费用高。

与传统的物联网移动连接技术相比，LPWAN(Low Power Wide Area Network，低功耗广域网)使用云服务替代 SCADA 和终端设备，更适用于分布前端、集中管控部署，具有高覆盖、低功耗和广域连接等特性。

国内非授权频段的广域网络设备运行在 470~510MHz 上，根据工信部发布了

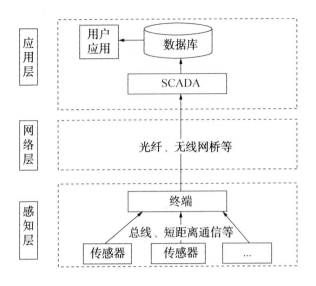

图 5-18　传统工控系统架构图

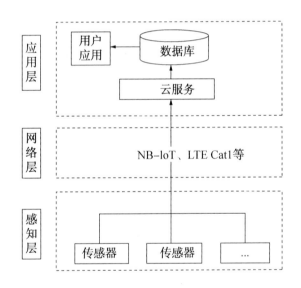

图 5-19　LPWAN 工控系统架构图

2019 年第 52 号公告，在 470~510MHz 频段"限在建筑楼宇、住宅小区及村庄等小范围内组网应用"，在油气工业控制系统中应用具有较大政策风险，不建议广泛采用 LoRa、Sigfox 等技术。

NB-IOT、Cat1 采用运营商蜂窝网络系统，采用授权频谱，根据《工业和信息化部办公厅关于深入推进移动物联网全面发展的通知》（工信厅通信〔2020〕25号）的要求，推动 2G/3G 物联网业务迁移转网，建立 NB-IoT、4G、5G 协同发展的移动物联网综合生态体系，以 NB-IoT 满足大部分低速率场景需求，以 LTE Cat-1 满足中等速率物联需求和话音需求，以 5G 技术满足更高速率、低时延联网需求。

LPWAN 技术主要有 Lora、Sigfox、NB-IoT 等技术，适合不同的物联网应用场景。LPWAN 方案对比见表 5-4。

表 5-4 LPWAN 方案对比

	LoRa	Sigfox	NB-IoT	Cat1
频谱	非授权	非授权	授权	授权
信道带宽	125k/500kHz	100Hz	180kHz	1.4MHz
吞吐量	<50kbps	<100bps	<250kbps	<1Mbps
容量	NA	NA	>50k	>50k
时延	NA	NA	10s	<100ms
模组成本	<＄5	<＄5	<＄5	<＄5~10
功耗	10 年	8~20 年	20 年	20 年
建网	新建网络	新建网络	LTE 升级	LTE 升级

考虑到油气生产工业控制现场井场无线仪表的低功耗、窄带宽的要求，NB-IoT 技术是比较优秀的解决方案。

二、 功能设计

1 NB-IoT 网络工作模式

NB-IoT 网络提供了 PSM（Power Saving Mode 省电模式）、DRX（Discontinuous Reception 不连续接收模式）、eDRX（Extended idle Mode DRX，扩展不连续接收模式）三种工作模式（表 5-5）。

PSM 模式的终端非业务期间深度休眠，不接收下行数据，只有终端主动发送上行数据时可接收物联网平台缓存的下行数据，适合对下行数据无时延要求的业务。终端设备功耗低，采取电池供电方式，如一般抄表业务。

DRX 模式的终端基本处于在线状态，物联网平台的下行数据随时可达终端设备，在每个 DRX 周期(例如 1.28s、2.56s、5.12s 或者 10.24s)，终端都会检测一次是否有下行业务到达，适用于对时延有高要求的业务。终端设备一般采取供电的方式，如低时延远程启停业务。

eDRX 模式下的终端在每个 eDRX 周期内，只有在设置的寻呼时间窗口内，终端可接收物联网平台的下行数据，其余时间处于休眠状态，不接收下行数据。对下行业务时延有较高要求，物联网平台可根据设备是否处于休眠状态缓存消息或者立即下发消息。终端设备兼顾低功耗和对时延有一定要求的业务，如远程启停功能的抄表业务。

表 5-5　NB-IoT 模式对比

	PSM	eDRX	DRX
最大休眠时间	310h	40min	5.12s
典型功耗	3uA	30uA	0.4mA
典型时延	1~2d	1min~2h	1s

油井前端设备仪表正常通信时，几乎没有下行数据流量，与云服务的交互，主要依赖于终端自主性地与网络联系，并且采用电池供电有低功耗的需求，适于采用 PSM 模式。

2　NB-IoT 网络通信协议

物联网前端设备常用通讯协议有 MQTT(Message Queuing Telemetry Transport，消息队列遥测传输)和 CoAP(Constrained Application Protocol，受限应用协议)两种(表 5-6)。

表 5-6　MQTT 协议/CoAP 协议对比

	MQTT 协议	CoAP 协议
传输层	TCP	UDP
连接时长	长连接	无连接
连接方式	多对多	单对单

MQTT 协议采用发布/订阅模式，是多个客户端通过一个中央代理传递消息的多对多协议。它通过让客户端发布消息、代理决定消息路由来解耦生产者和消费者。MQTT 标准协议比较适合物联网场景的通信协议。所有终端都通过 TCP 连接到云端，云端通过主题的方式管理各个设备关注的通讯内容，负责将设备与设备之间消息的转发。MQTT 协议比 CoAP 成熟的要早，在硬件性能不高的远程设备有较广泛的应用。

CoAP 协议符合 REST 规范，使用起来和 HTTP 协议类似，设备端可通过 4 个请求方法（GET、PUT、POST、DELETE）交换网络消息来实现设备间数据通信。CoAP 资源可以被一个 URI 所描述，基于 UDP 传输层，并且数据包是按字节码拼接的。它是非长连接通信，适用于低功耗物联网场景，但实时性不如 MQTT。

在 NB-IoT 等低功耗设备中，设备的处理能力较低，功耗要求低，这些都是 CoAP 协议所具备的。CoAP 协议具有传输高效，对连接的依赖较弱，即使网络不稳定也不会影响系统运行的特点。并且，CoAP 协议具有可拓展性，适合不断增加新类型设备。

综合考虑，采用 CoAP 协议进行通信。

三、　测试应用

通过采用 LPWAN 工控系统架构作为常规工控系统架构的补充，解决油气田存在的油井长停井、气井、水井、阀组等无供电场景数据采集的问题（表 5-7）。

表 5-7　典型应用场景

场景	采集参数	上传间隔
油井	井口套压	8h
水井	井口油压、套压	4h
气井	井口油压、套压	1h
阀组	阀组压力、温度	4h

以某采油厂为例，共有长停油井 200 余口，需要定期进行人工巡检，常规工控系统方案实施难度大、费用高，通过安装部署 NB-IoT 技术传感器后，替代了人工工作，实现参数实时自动采集，定时上传。长停油井每 8h 定时上报采集参数，超过阈值主动上传参数，仪表电池使用寿命可达到 3.5 年以上，满足了低成本油气工业控制的要求。

案例六

应用软件定义打造智慧油田生产边缘控制系统

一、 油田生产控制系统的现状

近年来，随着油田生产规模的不断扩大，为解决油气生产中存在开发成本持续攀升、国际油价长期低迷、劳动用工日趋紧张等问题，适应智能制造、工业4.0的发展趋势，很多油田都逐步开展了自动化控制系统的建设。基于自动化的方案，油田生产系统实现集中监控，保障油田安全有序生产。但是，从目前油田生产控制系统的应用现状来看，这种集中监控的模式依然存在诸多问题。

以陆地平台井组为例，各个油井、计量间、配水间、注水站等分别采用独立的PLC控制系统或是RTU系统。由于各个子系统采用不同厂家的PLC或RTU，并且系统之间缺乏关联，各个控制系统单独部署人机监控平台，无法整合统一。该架构带来很多弊端，首先，生产现场，控制系统中不同厂家的PLC或RTU之间是独立的，没有信息交互，无法实现协同生产和智能化控制。其次，本地综合人机交互系统（SCADA）缺失。虽然配水间和注水站单独部署本地人机监控平台（SCADA），但是油井、计量间、集气站等系统无本地SCADA，数据直接上传到信息中心展示。本地无综合人机交互系统（SCADA），给系统本地安全巡检、故障维护、本地操作等带来不便。其三，现场PLC或RTU控制节点众多，容易出现数据丢失现象，需要逐层排查故障点，维护困难，现场人员劳动强大较大。

二、 工业控制发展趋势

工业控制系统的发展经过三次历程：机械控制，电子控制，计算机控制。随着工业互联网的快速发展，使得生产数据可以进行规模化集中存储到大数据中心，并利用云计算平台前所未有的计算能力对这些大数据进行分析、挖掘和优化生产效率。数字化的工业 3.0 使得现场设备、机器和工厂已经变得"更智能"。

但是，我们发现无论是工业互联网还是工厂数字化的 3.0，均未对工业控制系统的"大脑"PLC/DCS 做出任何更进一步的技术变革。这种两头重中间轻的现象，就好比是高速路上的收费站，光高速路扩宽远远不能够实现更大的汽车吞吐，矗立在高速路上的各个收费站才是这条路上的瓶颈点，因此针对收费站现在都需要设置更多收费窗口，实现电子收费等举措改革而适应高速、快速增长的车流。适用于工业控制系统领域也是一样，控制的核心 PLC 设备不能够灵活扩展，这一限制无疑将会大大减弱工业控制系统灵活性和可扩展性。

随着工业智能化需求的日益增长，以传统 PLC/DCS 为代表的第三代控制系统已经不能满足工业智能化的需求，目前业界针对工业互联网、工业 4.0 等的技术体系探索，重点将围绕 PLC/DCS 展开，从而实现第四代的控制技术。

第四代控制技术是软件定义和虚拟化技术的结合，满足工业互联网及智能工业的控制需求。软件定义 PLC/DCS 通过允许用户更换或添加组件而不影响系统的其他部分，实现轻松的可扩展性和系统模块化。软件定义 PLC 设计为开放平台，允许用户选择首选组件和解决方案，这意味着用户可以灵活地按需选择不同的供应商。

三、 软件定义的新型边缘控制系统

1 系统架构

应用工业互联网、软件定义控制理念，充分利用现在计算机平台强大的计算能力以及操作系统的能力，在每个油田现场部署一套服务器。服务器内部通过高实时虚拟化的 Intewell 操作系统，通过软件定义控制的方式，取代传统的分散的多个 PLC 控制器，现场传感器、设备的信号采用远程分布式 IO 方式连接。将原来分散的多个 PLC 控制系统数据、RTU 数据采集到一个统一的人机监控平台数据库，实现本地综合监控。由本地综合监控平台数据库提供统一的对外数据访问接口，与远程调度中心、监控中心连接，实现边云协同。

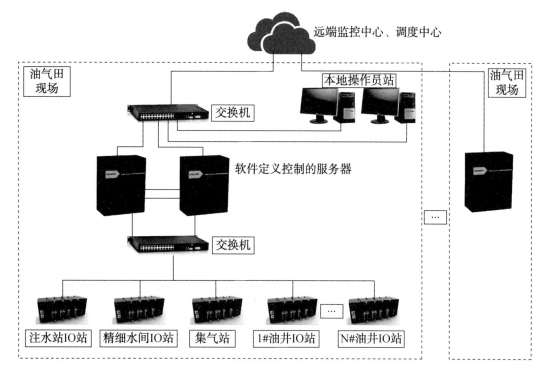

图 5-20　边缘控制系统示意图

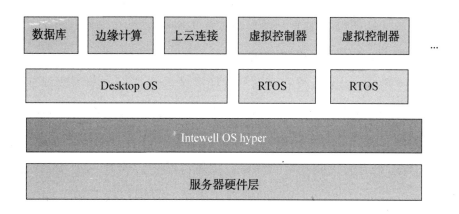

图 5-21　软件系统架构图

2　油田现场生产控制

传统方式的工业控制系统每口油井配置一台油井 RTU，油田现场各油井 RTU 通过网络上联远端监控中心，由远端监控中心做运行监视、数据分析和调度。由于网络时延，这种集中调度往往不能对现场突发做到及时响应。

智慧油田边缘控制系统利用油田现场的一套服务器，通过软件定义多个虚拟 PLC 系统作为主站，将各个油井通过远程 IO 从站的方式组网。远程 IO 模块部署到油井侧，采集的主要数据有电机电流、电压、耗电量、载荷、井口温度和回压等信息，连接的控制对象有电磁阀、电动阀等。远程 IO 模块通过以太网将数据传递到现场监控室的服务器，由服务器内部的虚拟 PLC 执行各个油井的控制计算功能。同时，服务器内用虚拟化软件定义的方式再配置一个协同的 PLC 系统，协调控制所有油井的虚拟 PLC 系统。

为了防止单一服务器故障，实现系统可用性，服务器采用热备冗余配置，两台冗余服务器的虚拟 PLC 之间、数据库之间采用定期数据同步、冗余诊断等手段，确保故障时勿扰切换，保证运行安全。

3 边云同步监控

油田现场布置的服务器提供了统一的数据库，该数据库采集所有现场的虚拟 PLC 上送数据，一方面与现场的各个操作员站同步，实现现场监控；另一方面数据库支持 OPC UA，MQTT 等通信协议，在工程设计阶段，进行人机监控平台数据库组态时，按照云端监控的需要，选择数据库点配置其 OPC UA 或 MQTT 属性，直接与云端的监控中心调度中心实现数据交互。

按照油气生产 SCADA 系统的要求，现场操作员站其重点是需要保证操作的响应时间、操作员站画面刷新速度、画面容量等要求，并且操作员站的面向对象是操作员，从人因工程角度考虑，因此现场的传感器、仪表、阀门等元素采用 2D 或 2.5D 组件进行组态，简化操作员的操作，操作员站设计为 C/S 架构。而云端监控中心、调度中心其面向对象是油田的管理层人员，管理层人员更关注油田的全景可视化，采用 3D 组件设计，设计为 B/S 架构。

4 边缘计算

利用服务器强大的计算性能，将针对油田现场的一些行业应用可以从云端下层部署到边缘侧的服务器。在服务器的虚拟桌面系统上，运行设备预测性维护、能耗管理、边缘数据清洗等应用，这些应用统一从数据库获取数据然后计算，并将计算结果反向写入数据库，再通过数据库将相应信息上送云端监控中心、或下发虚拟 PLC、或发送操作员站展示。边缘控制系统流程图见图 5-22。

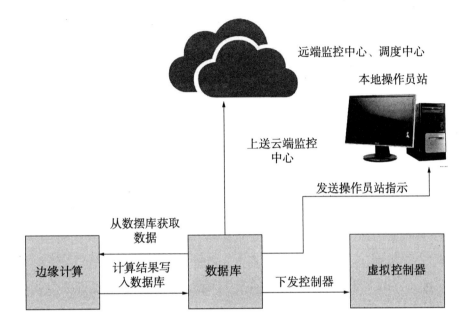

远端监控中心、调度中心

本地操作员站

上送云端监控中心

发送操作员站指示

从数摆库获取数据

边缘计算

计算结果写入数据库

数据库

下发控制器

虚拟控制器

图 5-22　边缘控制系统流程图

四、 软件定义控制应用优势

1　智能化水平提升

油田生产过程中，现场监控系统与云端调度中心、监控中心边云统一的部署方式优势明显，通过应用软件定义控制，能够进一步提升整个油田生产过程的智能化水平。在常规运行时，可以做到无人化值守，由云端远程监控。现场维护时，由现场的操作员通过监控系统来发挥作用。在运行异常时，由于油田的运行数据都在现场数据库储存，操作员可以调出监控系统的历史运行数据进行分析，及时处理故障。另外，由于现场的服务器支持部署边缘计算以及协同控制，可以设计节能策略、设计整体应急保护策略，实现对油田现场的智能化调节。

2 减少建设成本和运维成本

由于采用了软件定义控制的服务器作为整个控制系统的大脑，减少了大量的 PLC 控制器，在建设阶段，整个控制系统的控制器设备成本、占用空间都得到了简化。

在运行维护阶段，由于整个控制系统的大脑集中到了服务器，维护工程师无需维护多套 PLC 甚至是多处 RTU，另外减少了 PLC 或 RTU 的学习周期和成本，油田运维成本显著降低。

3 扩展灵活，适应生产扩建

软件定义控制系统方案，由于采用了安装 Intewell 操作系统以及国产软件定义控制的控制编程软件 MaVIEW 的服务器，可以支持在服务器上用软件定义的方式增加/减少业务。比如油田现场后期增加采油井，则只需在服务器上用软件定义的方式增加一个虚拟 PLC，相应的采集数据保存到现场侧 SCADA 数据库，操作员站增加相应的画面，在油井侧增加一套远程 IO 系统，即可实现对新采油井的控制。又例如希望在油田现场增加一套消防控制系统，也可以直接在服务器上用软件定义的方式增加一个虚拟 PLC，在消防喷淋、泵房配置一套远程 IO 系统，即可实现消防控制功能。

4、国产自主可控，本质安全

软件定义的控制系统方案，其核心的基础技术是国产高实时虚拟化的 Intewell 操作系统以及国产软件定义控制的控制编程软件 MaVIEW。Intewell 操作系统，通过了工信部电子五所严格的功能、性能测试及源代码自主率扫描，内核及部分关键模块源码自主率达 100%。MaVIEW 软件包括开发环境及运行环境两部分，均为国产自主研发，与 Intewell 操作系统配合，使服务器具备了 PLC 控制功能。在根技术上保障了控制系统的自主化，从而达到本质安全。

案例七
基于卷积神经网络的油井生产实时智能监测

有杆泵采油目前仍是油田最主要的采油方式。随着弹性开发地层能量快速衰减，油井产量递减较快，部分油井间歇出油导致泵充满程度周期性剧烈变化，供液状况常处于充足与严重不足频繁交替状态，因此实时监控泵的工作状态，及时调整参数，使油井一直处于最优工况生产，有效降低磨损、提高能效变得尤为重要。

随着油田信息化建设的不断完善，可以在短时间内收集到大量的数据。安装在井内的传感器每 10 分钟就可以收集到几万份数据。由于人的时间和精力有限，在传统模式下现场工程师很难对每口油井进行全时段生产动态监控与调配。传统的示功图识别方法，如决策树法、灰色关联分析法、模式识别法等，但这些方法也存在精度低的问题。本文基于 CNN 的识别模型，探索开展了一种自动化的生产动态监测与参数调控方法，在工况参数自动采集的基础上，采用卷积人工神经网络深度学习技术进行智能生产调配，使油井动态稳定与最优工况进行生产，有效提高系统能效。结果表明，CNN 方法能通过示功图识别工作状态，准确率达 95% 以上，效率高。

卷积神经网络简介　卷积神经网络(CNN)是一种前馈人工神经网络，其神经元之间的连接模式受到动物视觉皮层组织的启发。它是多层感知器(MLR)的变体。CNN 在图像和视频识别、推荐系统和自然语言处理方面有着广泛的应用。

CNN 在结构上包括几个特征提取阶段和一个分类器。在每个特征提取阶段，通过卷积运算获得更高层次的特征。每个特征提取阶段包括卷积层和子采样层。每层的输出是一系列的特征图。最后一个特征提取阶段得到的特征映射的输出作为分类器的输入。基于 CNN 的指示图识别过程如图 5-23 所示。

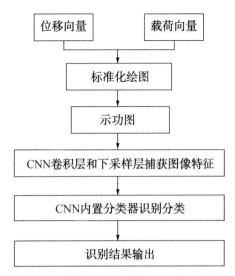

图 5-23 基于 CNN 的指示图识别过程

一、 基于深度学习的油井生产工况智能诊断

采用卷积人工神经网络对油井实时工况数据进行深度学习，建立了一套能够准确分析油井实时生产工况的智能监测系统，该系统每半小时扫描一次油井实时数据，如果发现出现严重气体影响和严重供液不足，则推送报警。工况智能监测卷积人工神经网络结构图见图 5-24。工况智能分析监测流程见图 5-25。

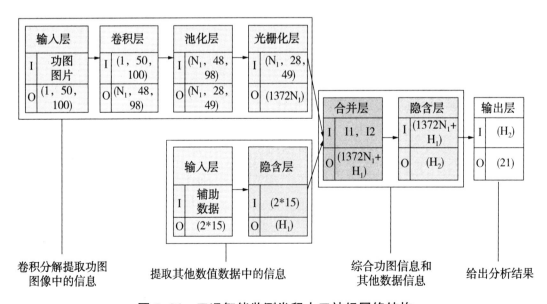

图 5-24 工况智能监测卷积人工神经网络结构

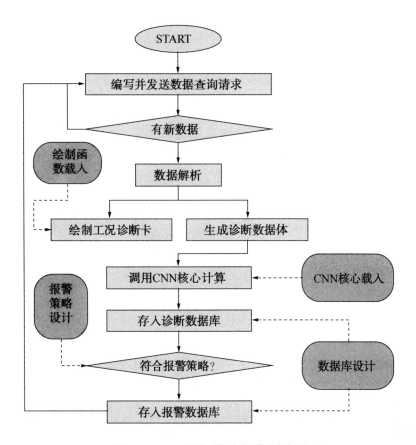

图 5-25　工况智能分析监测流程

如 QTQ103-X30 井在 2017 年 12 月 18 日 10 点 12 分，智能监测到突发严重供液不足，工作人员查看抽油机功图后确认报警准确，该系统目前的诊断准确率达到 95%，为油井自适应生产奠定了基础。

二、 单井最优生产制度优化计算

选取桩 23 区块 10 口供液能力变化较大的油井，以单井生产效益为目标，分析单井地层供液情况，综合考核产量、能耗、工况三者间的平衡，首先采用试凑法获得单井最适宜的生产工况，过程如下：

选择实验单井→调整生产参数→量油→计算能耗→满足则确定为最经济工况的示功图，不满足则继续调配寻优。

最终试算出每口井的最佳工况和泵效，将其作为油井自适应生产模型的调配目标值，再进行自适应调配生产。

三、 进行自动生产调配

为实现自动生产调配使油井生产动态最优，首先通过基于深度学习的油井实时工况自动诊断对井下供液动态进行智能评价，若判断为严重供液不足，则通过SCADA系统控制变频器自动降低油井生产冲次，若判断为供液能力十分充足，则提高油井生产冲次，使油井生产动态维持在最经济产量区间。

四、 实施效果

1 桩23-10-斜11井实验情况

试验前，该井采用22Hz频率稳定生产，供液能力不足，间出严重。连续每半小时功图如图5-26所示。

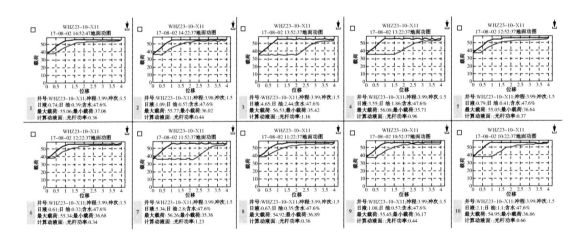

图5-26 桩23-10-斜11井实验前功图情况

试验后，控制系统智能识别供液波动，低供液时采用14Hz低频低冲次生产，高供液时采用22Hz高冲次生产，最终油井整体生产趋于平稳，功图饱满程度相对一致、泵效相对稳定，效果明显，示功图如图5-27所示。

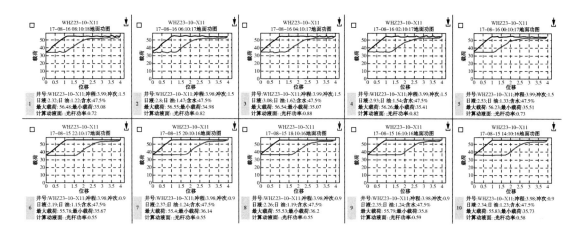

图 5-27　桩 23-10-斜 11 井实验后功图情况

2　桩 23-17-10 井实验情况

试验前，该井采用 20Hz 频率连续生产，供液能力较差且受气体影响较大，连续半小时示功图如图 5-28 所示。

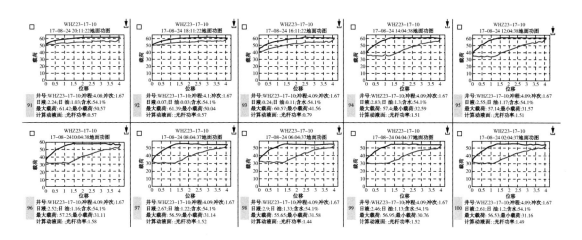

图 5-28　桩 23-17-10 井实验前功图情况

试验后，控制系统智能监测严重气体影响工况，在发生气锁后降低生产参数，采用 12Hz 生产，待动液面上升、供液能力恢复后，提高到 20Hz 生产，最终油井生产工况趋于平稳，沉没度升高并保持合理水平，气体影响明显减小，油井工况显著改善，取得了很好的试验效果，示功图如图 5-29 所示。

共计对 10 口井进行了智能调控试验。对比 10 口井试验前后生产数据：日产液

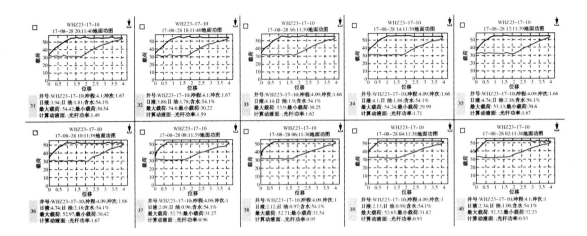

图5-29 桩23-17-10井实验后功图情况

量增加3.72m³，日产油量增加2.19m³，节电139.45(kW·h)/d，节约电费116.3元/天。实验证明，基于卷积神经网络的油井自适应生产能够使油井生产制度与泵工况动态匹配，最终实现连续稳定生产，达到提高能效、降低磨损的工程管理目标，此外，对于特低渗透油藏，还能够起到稳定生产压差，保护渗流通道的目的，最终提高油井产能，是一项革命性的创新生产模式。

案例八

二维码在油气自动化设备基础信息管理中的应用

中国石化自 2015 年正式启动了油气生产信息化建设工程，胜利油田分公司依据总部下发的《油气生产信息化建设指导意见》以及《油气生产信息化建设技术要求》，完成了所辖管理区的生产信息化改造工作，建成覆盖油区的视频监控系统和满足生产管理要求的数据自动采集系统，并通过统一生产指挥平台 PCS 整合现场前端物联网应用，为新型管理区建设提供了强有力的信息化支撑。

油气生产信息化是变革传统生产组织模式、推进油公司体制机制建设的重要支撑。同时，油气生产信息化建设是一项投资巨大的工程，其中油气生产现场的网络、视频和仪器仪表等自动化设备作为重要的构件，数量多，种类多，造价约占整体投资预算 60% 左右，这部分设备是否长效运行，直接影响了生产信息化建设的应用效果，因此需要设计一种行之有效的方案实现对油气生产现场自动化设备基础信息的管理，油气生产现场自动化设备的全过程管理提供基础数据支持。

一、JSON 简介

在 www. json. org 网站中，对 JSON 作了详细介绍和描述，可以简单概括为：JSON（ JavaScript Object Notation）是一种轻量级的数据交换格式，采用文本格式，易于人阅读和编写，同时也易于机器解析和生成，是理想的数据交换语言。

JSON 有对象式结构和数组式结构两种，对象式结构为｛" key1"：valuel，" key2"：vabue2，…｝的键值对结构，keyl 为对象的属性，valuel 为 keyl 的属性值，通过"对象名 . key1"来读写属性值，这个属性值的类型可以是数字、字符串、数组、对象等。数组式结构为［｛" key1"：valuel，…｝，｛" key2"：vabue2，…｝，…］

通过"数组名［序号］. key1"来读写属性值。对象式结构和数组式结构可以组合成复杂的数据结构。

二、 二维码技术简介

二维码又称二维条码，常见的二维码为 QR Code，QR 全称 Quick Response，是一个近几年来移动设备上超流行的一种编码方式，它比传统的 Bar Code 条形码能存更多的信息，也能表示更多的数据类型。二维条码/二维码（2-dimensional bar code）是用某种特定的几何图形按一定规律在平面（二维方向上）分布的黑白相间的图形记录数据符号信息的；在代码编制上巧妙地利用构成计算机内部逻辑基础的"0""1"比特流的概念，使用若干个与二进制相对应的几何形体来表示文字数值信息，通过图象输入设备或光电扫描设备自动识读以实现信息自动处理：它具有条码技术的一些共性：每种码制有其特定的字符集；每个字符占有一定的宽度；具有一定的校验功能等。同时还具有对不同行的信息自动识别功能及处理图形旋转变化点。

三、 技术解决方案

实现设备基础信息管理，通过电子标签登记，实现自动化设备的唯一身份认证；运维队伍基础信息管理实现对人员、资质、认证、准入和行为记录等信息的管理；实现对系统配置信息的管理。

（1）自控设备登记是进行设备运维的基础，该功能要完成自动化设备的电子标签就位，被赋予唯一电子身份。用户可通过设备的配置管理软件或扫描具体设备的电子标签，登记设备类别、型号、厂家、编号、投用日期等基础信息记录。

（2）每台自控设备要有唯一身份标识，才能保证对设备全生命周期的监控跟踪，标识信息要同时支持通过内置和外置两种方式进行记录，能够对设备内置标识信息进行读取和保存，并能够对标识信息进行外置介质的生成和输出，当由于其他原因导致设备唯一标识丢失后，通过该功能可以找到该设备的原始信息并进行重新标记。

本文技术方案包含三部分：油气生产现场自动化设备基础信息规范、油气生产现场自动化设备基础信息 JSON 数据格式设计、油气生产现场自动化设备基础信息二维码管理规范。

四、 油气生产现场自动化设备基础信息规范

1　生产信息化设备大类

（1）视频类设备：热成像、枪机、球机、硬盘刻录机、补光灯、广播、线杆等；

（2）仪器仪表类设备：RTU、PLC、压变、温变、温压变、流量计、液位计、界面仪、含水仪、电表、载荷传感器、位移传感器、死点开关、变频器等；

（3）网络信息类设备：无线网桥、网闸、交换机、服务器机柜等；

（4）电气类设备：螺杆泵控制柜、油井控制柜、泛光灯、变频器等；

（5）其他设备：操作台、计量车等。

2　生产信息化设备编码规范

生产信息化设备编码由 24 位数字组成，具体编码规范如表 5-8 所示。

表 5-8　生产信息化设备编码

编码内容	设备分类	设备类别	厂家代码	产品序号
编码位数	2 位	2 位	4 位	16 位

3　生产信息化设备基础信息采集规范

（1）设备分类（必填）：设备的归属大类，包括视频设备、仪器仪表设备、网络信息设备、电气设备和其他；

（2）设备类别（必填）：设备归属小类，指上述设备管理范围中的设备类别，例如 RTU、载荷传感器等；

（3）设备名称：具体设备的名称；

（4）物料编码：设备采购时的采购物码；

（5）规格：设备的规格；

（6）型号：设备的型号；

（7）生产厂家(必填)：填写设备的生产厂家

（8）出厂日期：设备铭牌上的出厂日期；

（9）质保期：该类设备的质保期；

（10）出厂编号(必填)：设备铭牌上的出厂编号；

（11）投用日期(必填)：设备初始投用的日期；

（12）设备状态：填写设备目前的状态，包括在线、备品备件、送修、送检、验收、报废。

五、 油气生产现场自动化设备基础信息 JSON 数据格式设计

在油气生产现场自动化设备基础信息规范的基础上，按照 JSON 数据格式规范，设计油气生产现场自动化设备基础信息 JSON 数据格式如下：

```
{
    "UUID"："32 位 UUID"，
    "dpNum"："32 位单位代码"，
    "checkFlag"："校验码"，
    "message"："设备备注说明信息"
"obj"：{"属性 1"：属性值 1，"属性 2"：属性值 2，…}
}
```

六、 油气生产现场自动化设备基础信息二维码管理规范

油气生产现场安装的智能化仪表如使用二维码进行标识，系统按照二维码编制规范生成二维码标识。具体规范如下：

1　油气生产现场自动化设备基础信息二维码编码规范

采用在"4.2.油气生产现场自动化设备基础信息 JSON 数据格式设计"中设计的 JSON 数据编码格式。

2　油气生产现场自动化设备基础信息二维码生成规范

生产信息化设备二维码使用矩阵式二维码 QR Code 非加密通用编码，生成码为黑白色，不应美化变形处理，内容字段按行分隔，行内文字不换行，间隔字符为英文字符，按 7% 容错生成。

3　油气生产现场自动化设备基础信息二维码应用规范

（1）在产品可视部分，按 2cm×2cm 标准将二维码通过激光刻蚀或印制或粘贴在产品便于查看部分，不应有遮挡物或与其他图案颜色重叠。

（2）产品内部要求，按 2cm×2cm 标准将二维码使用黑白色印制或粘贴到壳体内部、容器箱体内侧等醒目不易损毁位置。

（3）产品外包装要求，按不低于 8cm×8cm 标准将二维码使用黑白色印制或粘贴到外包装醒目不易损毁位置，外包装产品序号包含内部所有产品序号，使用英文","进行间隔。

中国石化移动 PCS 技术研究与实现

一、PCS 系统概述

PCS 是油气生产指挥系统(Production Control System)的简称,由中国石化统筹考虑上游板块采油气生产管理需求,在胜利油田已有系统基础上统一设计、研发形成的。作为中国石化采油气生产业务的主控平台,2016 年至今已在 8 家油田企业的 34 个采油气厂 120 个管理区 20000 口油井和 2200 余座站库投入应用。通过对前端生产数据、现场视频的集成应用,实现对油气生产全过程的实时监控、远程管控、协同管理。

为充分发挥生产信息化,PCS 系统形成了 3 个层级、6 个模块、1 个平台的"361"体系架构(图 5-30),实现了分公司、采油厂、管理区三个管理层级的实时

图 5-30 PCS 体系架构

联动、上下贯通、层层穿透，对油公司体制机制建设起到了核心支撑作用。该系统涵盖生产监控、报警预警等 6 大功能模块 188 项业务功能，基本覆盖了采油气生产全过程业务；采用统一技术平台，统一认证、统一标准、统一技术、统一风格，支持手机、平板、电脑、大屏等终端的一体化应用。PCS 实现了生产过程的实时管控、精准指挥、高效处置、全程跟踪，大幅提高了生产指挥效率和安全、环保管理水平，通过对海量实时数据的深化应用，采油气技术指标也得到了持续提升，开发效果持续向好。

二、移动 PCS 建设构想

PCS 的推广已初步取得了规模化应用效果，油公司新型管理区建设对指挥中心与生产现场之间的实时互动和高效协同提出了更高要求。伴随 PCS 深化应用，胜利、西北、中原等单位相继提出移动 PCS 的需求，部分单位已经在实时监控、调度运行方面进行了探索性建设，按照"统一标准，统一设计，统一建设"的要求，需在中国石化总部层面开展移动 PCS 建设，以满足以下几方面需求：

（1）生产动态及时推送，满足在线监控的需要。采油厂生产办和管理区采油注水管控、综合运行、地面工程等岗位人员可通过移动端随时随地掌握生产现场动态，监控重点生产环节，保持全天候在岗，实现实时监控和在线运行。

（2）工作信息随时共享，满足协同运行的需要。面向指挥中心、技术管理、专业班组、市场队伍，实现作业指令、操作规范、技术要求等信息的随时共享，针对现场操作可以实时监督和及时互动，实现异地协同运行，提高工程质量。

（3）生产指令直达单兵，满足高效指挥的需要。面向运维班组和现场巡检人员，通过移动端将巡检问题、设备故障、整改情况等文字、图像、视频及时反馈到指挥中心，生产指令直达生产前端实现高效互动与共享。

（4）应急事件及时处置，满足安全生产的需要。面向综治管理和应急决策人员，实现全面掌握事件动态、应急指令"一键"群发，针对现场反馈的动态信息、照片、视频及时进行应急指挥，实现安全生产运行，提高综治防范能力。

1 要解决的问题

根据中国石化"十三五"信息化发展规划，按照"统一标准，统一设计，统一建设"的要求，为满足移动 PCS 在线监控、协同运行、高效指挥、安全生产的应用需求，需要在"系统架构""内外网访问""即时通讯""消息推送"等方面进行充分的研究，选择适合的解决方案。

2 系统架构

移动 PCS 是中国石化 PCS 系统体系架构中的一个重要组成部分，其系统架构设计要满足：

（1）满足中国石化信息系统集成整合的要求，要按照"一切系统皆上云，一切开发上平台"的要求，避免重复建设和新的信息孤岛；

（2）要符合 PCS 系统"361"体系架构，即：3 个层级、6 个模块、1 个平台，实现三级联动、上下贯通、层层穿透。

3 内外网访问

移动 PCS 所涉及的报警处置、掌握指标运行情况、监控油气生产状态、日常工作安排、调度运行、各层级即时沟通等业务活动的业务数据都在中国石化内网中的 PCS 系统里进行采集、处理、应用，而移动 PCS 用户所使用的移动终端一般在智能通过 4G 网络接入公网，因此需要解决移动 PCS 的内外网访问与网络安全问题：

（1）需要实现通过 4G 网络接入公网的移动终端访问部署在中国石化内网中的 PCS 数据服务；

（2）在实现内外网访问的同时，需要有效的保护中国石化内部网络。

4 即时通信

移动 PCS 要满足"工作信息随时共享、生产指令直达单兵、应急事件及时处置"的应用需求，就需要实现用户之间的即时通信，建立一个涵盖各种通信手段的交流平台：

（1）需要实现即时通信的基本功能：允许两人或多人使用网路即时的传递文字信息、档案、语音与视频交流；

（2）移动 PCS 的即时通信需要是企业级的即时通信，以高效、稳定和安全作为其研发的重点，尤其是对于企业生产信息的保密性、安全性要求；

（3）需要实现移动 PCS 与 PCS 系统之间的即时通讯。

5　消息推送

移动 PCS 要满足"生产动态及时推送、生产指令直达单兵、应急事件及时处置"的应用需求，就需要实现生产信息、生产指令、报警信息的及时推送，同时要充分考虑信息的安全性、保密性：

（1）实现 PCS 系统中生产信息、生产指令、报警信息得及时推送；

（2）需要保证推送信息得安全性、保密性。

三、　技术解决方案

以 PCS 系统体系架构为基础，按照中国石化"十三五"信息化发展规划的要求，经过充分的研究分析，就系统架构""内外网访问""即时通信""消息推送"等 4 个方面提出如下技术方案。

1　系统架构技术方案

按照"一切系统皆上云，一切开发上平台"和 PCS 系统"361"体系架构的要求，经过细致的研究分析后，确定移动 PCS 的系统架构为：在 PCS 体系架构的基础上，基于微服务架构理念，基于元数据、组件化技术构建分布式应用服务。

通过实现移动 PCS 的微服务化，可以通过建立面对大用户量访问时的弹性扩充能力提高应用性能，建立支持应用功能和应用需求的不断扩充的支撑能力。基于微服务架构的公共服务设计，与油田统一云平台对接；其中用户中心、资源中心、流程中心、消息中心等公共服务建立在油田统一的云平台之上，并提供服务。

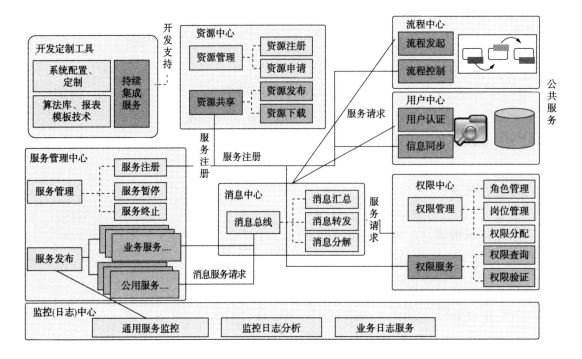

图 5-31　PCS 服务架构

2　内外网访问技术方案

移动 PCS 既要实现内外网的数据交互(图 5-32)，又要满足相关法律法规及中国石化关于信息系统安全管理相关制度规定，经过充分的研究与分析，确定采用中国石化云 DMZ 区来实现内外网的网络访问。中国石化云 DMZ 区提供了三种应用资源部署架构：第一种是应用(应用发布服务+数据库服务)全部对外应用发布区；第二种是对外应用发布区只部署应用发布服务，数据库在企业内网部署；第三种是应用在对外应用发布区和企业内网各部署一套应用服务和数据库服务，两套数据库间相互同步。

根据移动 PCS 的需求，确定采用第二种：对外应用发布区只部署应用发布服务，数据库在企业内网部署。

3　即时通信技术方案

移动 PCS 需要建设高效、稳定和安全的企业级即时通信，以满足"工作信息随

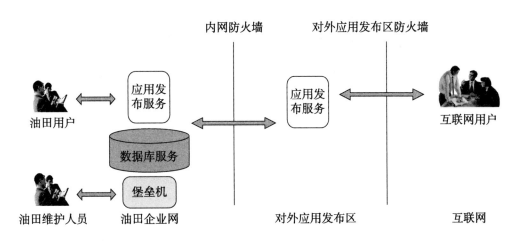

图 5-32 移动 PCS 数据交互

时共享、生产指令直达单兵、应急事件及时处置"的应用需求。

移动 PCS 即时通信的实现方案是通过在服务端建立一个一直在启动状态的线程，不断从客户端(App)获取消息，收到消息后，进行类型和发送目标判断，以发送到群组或者单聊的方式，客户端收到消息后进行界面的展示。

移动 PCS 即时通信实现的功能

（1）消息类型：文字、语音、图片、地理位置、文件、自定义消息等；

（2）聊天方式：单聊、群聊；

（3）平台支持：Android，Web 多平台互通；

（4）用户维护：注册、登录、头像、用户其他信息；

（5）群组维护：创建群组、加群、退群；

（6）离线消息：可选择是否需要保存离线消息；

（7）关系模式：有好友模式和无好友模式。

4 消息推送技术方案

移动 PCS 需要实现具有高安全性、保密性的消息推送功能，实现 PCS 系统中生产信息、生产指令、报警信息得及时推送。实现消息推送的主流方案有 C2DM、轮询、SMS 信令推送、MQTT 协议、XMPP 协议、使用第三方平台、自主搭建平台等，移动 PCS 的消息推送具备较高的功能和性能要求，同时对安全性要求非常高，因此选择自主搭建平台的方案。

移动 PCS 消息推送平台具有以下功能特点：

（1）安全性高，基于 RSA 精简的加密握手协议，简单、高效、安全；

（2）支持断线重连，及弱网下的快速重连，无网络下自动休眠节省电量和资源；

（3）协议简洁，接口流畅，支持数据压缩，更加节省流量；

（4）支持集群部署，支持负载均衡，基于成熟的 zookeeper 实现；

（5）用户路由使用 Redis 集群，支持单写、双写，集群分组，性能好，可用性高；

（6）支持 http 代理，一根 TCP 链接接管应用大部分请求，让 http 请求更加及时。

四、 效益分析与评价

截至 2018 上半年，移动版 PCS 目前已在中国石化集团胜利、西北、中原等油田部署和应用，注册用户数超过 4000 人，日在线人数达 500 人以上，为生产经营决策、生产运行和安全风险管控提供了高效的手段。

通过应用移动版 PCS，生产运行管理人员实现了单井效益区间监控和效益趋势预测，为科学制定下一步措施和配产方案，确保效益最优化。同期对比中国石化胜利油田的效益分析，平均吨油操作成本降低 312 元/t、作业费用降低 9.4 亿元、年度耗电量降低 4.1%。

利用移动版 PCS 和其他移动软件的协同应用，为中国石化上游板块实现"扁平化架构、科学化决策、市场化运行、专业化管理、社会化服务、效益化考核、信息化提升"创造了条件，有力支撑了胜利油田油公司体制机制建设，实现了劳动生产率的大幅提高。2017 年，仅胜利油田通过 PCS、移动版 PCS 及其他信息系统的深度应用，结合业务流程的梳理再造，就实现人力资源优化超过 1.1 万人，创效超亿元。

利用移动版 PCS 实现了掌上安全管理，实现安全环保全业务管控、关键生产设施、重点施工环节视频全程监控，危化品运输 GPS 全程跟踪，应急事件可视化处置，员工在高压、噪音环境工作时间缩短，安全环保风险进一步降低。

参 考 文 献

［1］李剑锋，肖波，肖莉，等．智能油田：下册［M］．北京：中国石化出版社，
　　2020：324-325.

［2］甘志祥．物联网的起源和发展背景的研究［J］．现代经济信息，2010（1）：
　　156-157.

［3］陈天超．物联网技术基本架构综述［J］．林区教学 2013（3）：64-65.

［4］贺金鑫，路来君，张天宇，等．基于 NoSQL 数据库的油田大数据高效存储
　　［C］//第十三届全国数学地质与地学信息学术研讨会论文集，2014.

［5］段泽英，蔡贤明，滕卫卫，等．大数据分析技术在油田生产中的研究与应用
　　［J］．中国管理信息化，2015，18（18）.

［6］魏军．油田预警分析模型的研究与设计［J］．电脑知识与技术，2014（25）.

［7］车力军．基于互联网安全智慧化管理的网络安全态势感知预警平台探索与推
　　广［J］．电信技术，2019，000（003）：49-52，56.

［8］严琦，张云勇，安岗．基于应用场景的低功耗广域物联网（LPWA）技术对比分
　　析［J］．世界电信，2017，30（3）：50-56.

［9］宋洪儒，王宜怀，杨凡．基于窄带物联网智能燃气表系统设计与实现［J］．传
　　感器与微系统，2019，38（3）：113-116.

［10］蒋鹏，袁嵩．基于 MQTT 协议的综合消息推送［J］．现代计算机：中旬刊，
　　2014（4）：11-15.

［11］汤春明，张荧，吴宇平．无线物联网中 CoAP 协议的研究与实现［J］．现代电
　　子技术，2013，36（1）：40-44.

［12］马健，张亮，王晓明．油气生产物联网技术在油田生产中的应用［J］．中国管
　　理信息化，2020，23（1）：92-94.

［13］梁国强，杨志，黄富君，等．SCADA 系统在油气田生产中的应用［J］．内蒙
　　古石油化工，2013（23）：17-18.

［14］王一鸣．油田生产自动化集中监控模式［J］．中国设备工程，2020，07（上）：

165-166.

[15] 徐国富，杨善良．灰色理论在抽油机井故障诊断中的应用[J]．合肥工业大学学报(自然科学版)，2013，36(10)：1265-1268.

[16] Schirmer，P. Gay，J. C.，ToutainP.，在分析测功机卡中使用先进的模式识别和基于知识的系统[J]．SPE 计算机应用，2013，(6)：21-24.

[17] Matsugu，M. Mori，K. Mitari，Y.，Kaneda，Y. 使用卷积神经网络进行稳健面部检测的独立个体面部表情识别[J]．神经网络，2003，16(5-6)：555.

[18] Collobert，R.，Weston，J. 自然语言处理的统一架构：多任务学习的深神经网络//机器学习国际会议，美国纽约，2008，7：160-167.